福建省住房和城乡建设厅 主编

福建传统建筑系列丛书

宁化传统建筑

NINGHUA TRADITIONAL ARCHITECTURE

黄乐颖 黄晓冬 著

淮土镇大王村王氏家庙　王 倩 绘

海峡出版发行集团 | 福建科学技术出版社
THE STRAITS PUBLISHING & DISTRIBUTING GROUP | FUJIAN SCIENCE & TECHNOLOGY PUBLISHING HOUSE

作者简介

ABOUT THE AUTHORS

黄乐颖，福建福州人，现任福建省建筑设计研究院有限公司总建筑师，兼任福建省土木建筑学会建筑师分会常务理事、福建省青年建筑师协会创始副会长。

长期从事大型公共建筑领域的设计工作，对博物馆建筑、观演建筑、商业综合体、政府办公建筑的设计均有研究及建树。

主持多项省级重点工程设计并获奖。曾获“2013 年度福建省重点项目建设先进工作者”荣誉称号。超高层建筑南益广场（建筑总高 138 米），获 2018—2019 年度国家优质工程奖。参与的科研课题“工程项目全生命周期管理 BIM 应用技术研究”获 2016 年中国建筑学会科技进步奖二等奖。

代表作品有中国闽台缘博物馆、龙岩市博物馆、龙岩市会展中心、数字福建云计算中心、福州金融街万达广场、福建邮政广场、泉州南益广场、惠安雕艺文创园“世界石雕之都”展示中心、融侨双语学校。

黄晓冬，福建长汀人，现任福建省建筑设计研究院有限公司建筑设计三院院长兼副总建筑师，正高级工程师，一级注册建筑师。兼任福建省工程建设科学技术标准化协会副会长、福建省土木建筑学会常务理事。

2022 年获评“全国住房和城乡建设系统劳动模范”荣誉称号，入选 2021 年“福建省百千万人才工程省级人选”、福建省高层次人才（C 类），2024 年获得“福建省数字工匠”，2023 年度福州市“榕创之星”人才及 2023 年福州市“最美科技工作者”、福建省土木建筑学会“科技英才”等荣誉称号。

发表《模块化建筑设计探析——以乔莫肯亚塔国际机场临时旅客航站楼方案设计为例》等 13 篇论文。荣获 2021 年度福建省科学技术进步奖二等奖等科技进步及建筑设计方面奖项 30 余项。

代表作品有福州金山基督教堂项目、龙海市月港中心小学项目、红釉文化研究中心、漳州芗江酒店商业综合体项目、武夷山一中项目、泉州南益广场、福州长乐国际机场二期扩建空管工程空管小区项目等。

"福建传统建筑系列丛书"
编撰委员会

主　　任：蒋金明（福建省住房和城乡建设厅党组成员、副厅长）
　　　　　苏友佺（福建省住房和城乡建设厅党组成员、总经济师）
副 主 任：涂远承（福建省住房和城乡建设厅风貌办主任）
　　　　　黄汉民（福建省建筑设计研究院原院长）
委　　员：林琼华（福建省住房和城乡建设厅风貌办副主任）
　　　　　林中林（福州）　陈　琦（厦门）　林小玉（漳州）　王惠萍（泉州）
　　　　　陈昌荣（三明）　黄天寿（莆田）　李广钦（南平）　卢小其（龙岩）
　　　　　褚春林（宁德）　蒋金促（平潭）
执行主编：蒋金明　黄汉民
执行副主编：涂远承

《宁化传统建筑》编撰者名单

主　　持：黄乐颖
摄　　影：黄乐颖　黄晓冬　黄汉民　陈夏滨　刘建军　谢群悦
　　　　　黄如发　张文裕　黄馨瑶　余晶晶　董伟琦　罗　媚
撰　　文：黄乐颖　罗　媚
调　　研：黄乐颖　黄晓冬　罗　媚
审　　定：黄汉民

总序一

GENERAL INTRODUCTION Ⅰ

衣食住行是人类生存必备的四个要素。其中，“住”也就是千百年来人们营造的建筑。

传统建筑，文化古韵。它是凝固的历史，是文明的符号，是岁月的见证。

中国传统建筑体系是世界上独一无二的，以土木结构为主体，独立扎根在农耕文明土壤里。当下，只要用到中国传统技艺与材料所建造的传统建筑都可称作中国传统建筑。

在福建，因自然环境和历史移民带来的文化交流隔阂，不仅形成了 3 大方言群、16 种地方话和 28 种音，而且形成了 11 大类 33 小类传统民居类型。在福州，有汉民族古老里坊制人居格局的三坊七巷；在闽北，有青砖灰瓦、肃穆质朴、古风悠远的院落式民居建筑群；在闽中，有构筑奇特、聚族而居、防御性强如城池的土堡；在闽西南，有土木结构、防卫性能优越且适应大家族平等聚居的世界文化遗产福建土楼；在闽南，有“出砖入石”独特风格的红砖古厝建筑等。这些都是八闽大地丰富建筑文化的典型缩影。

“片云凝不散，遥挂望乡愁。”了解传统建筑，不仅是为了更好地保护、守住我们的乡愁记忆和文化气质，增强对福建传统建筑的自信心和自豪感，还在于指导现实，让传统理念和元素应用于现代建筑，延续好传统，传承好历史，让传统和现代交相辉映。

福建省住房和城乡建设厅是福建历史文化名城名镇名村传统村落以及历史建筑、传统风貌建筑保护和传承的省级主管部门。近年来，我们不断加大保护力度，已初步建立比较系统的保护名录，也对八闽地域建筑特色进行了一些梳理研究。如同济大学常青院士开展八闽古建筑谱系理论研究，梳理特色建筑语汇，编写《福建村镇建筑地域特色》《福建省地域建筑风貌特色》《福建传统民居类型全集》《中国传统建筑解析与传承（福建卷）》《福建古建筑》等系列书籍。总体上看，虽然做了一些基础性研究梳理工作，但研究还比较粗浅，不够深入，不够全面。

为进一步保护和传承好八闽大地上一座座“真宝贝”，推动总结、提炼全省各市、县（区）地域传统建筑特色，把握八闽传统建筑精髓和发展脉络，挖掘和丰富其完整价值，探索传统与现代建筑融合发展的理念和方法，福建省住房和城乡建设厅牵头组织开展“福建传统建筑系列丛书”编撰工作，以市县为单位，选取区域内现有的传统建筑遗存，包括传统聚落（如历史文化名镇名村、传统村落）、传统民居（如文物建筑、历史建筑、传统风貌建筑）、乡土建筑（如祠堂、书院、教堂、廊桥、古塔、牌坊等），在精选实例的基础上，进行合理分类，系统提炼地域建筑特色。

“此夜曲中闻折柳，何人不起故园情。”“福建传统建筑系列丛书”悉数八闽大地“珍馐”，将八闽大地上一座座“真宝贝”呈现到我们眼前，让我们不论身处何方，都能感受到祖先留下的一座座温暖家园，都能从砖瓦木石间闻到家乡味道，都能在一砖一瓦间邂逅最温情的家乡情怀，都能深切体会乡愁记忆在延续，文脉在永久流传。

福建省住房和城乡建设厅

2022 年 8 月

总序二

GENERAL INTRODUCTION Ⅱ

泱泱中华，历史悠久，幅员辽阔，经纬纵横，建筑亦风格迥异，流派众多，并各具特色。

在众多流派中，闽派建筑以依山傍水、古厝马鞍而独树一帜，且因闽越文化、客家文化、海洋文化、侨乡文化等的互鉴交融，形成了多姿多彩的传统建筑风格和多种多样的建筑形式。有红砖白石燕尾脊、砖雕骑楼和尚头的泉州闽南风格，曲坡文脊砖间石、琉璃垂莲诗文墀的莆仙风格，黑瓦粉墙长披檐、隆脊悬山木墙裙的尤溪闽中风格，黑瓦土墙大围楼、石脚门饰大出檐的福建土楼风格，灰砖门楼马头墙、白沿雕饰高柱础的建州闽北风格，白沿门楼对山墙、鹊尾重檐长悬鱼的福宁闽东风格，白墙黑瓦马鞍墙、叠板门罩山水头的福州闽东风格，硬山石墙平屋脊、小窗窄檐压瓦石的海岛风格。也有城垣城楼、土楼城堡、府第民宅、文庙书院、古道亭桥等建筑形式，尤其是数量最多、分布最广的建筑形式——民居，更是充分展示了福建民众旧时的生活方式、喜好信仰、民俗文化和聪明才智。

这些传统建筑既蕴含着天人合一、宗法礼制等深厚的中国传统文化内涵，又充满着浓郁的人情味与独有的地域特色，是中国传统建筑文化中的瑰宝，具有重要的历史、文化、科学与艺术价值。它们似一颗颗明珠点缀在八闽大地上，彰显闽人高超的智慧和技艺。

习近平同志在福建工作 17 年半，对福建建筑文化遗产保护发展提出过许多前瞻性的思想和观点，并推动了一系列保护文化遗产的开创性实践。2002 年，时任福建省省长的习近平为福建人民出版社出版的《福州古厝》一书撰写序言，以深邃的思考、生动的笔触，深刻揭示了戚公祠、马尾昭忠祠、林文忠公祠、开元寺等古建筑的丰富文化内涵，做出了保护好古建筑、保护好文物就是保存历史、保存城市文脉的重要论断，阐明了经济发展和生态、人文环境保护同等重要的关系。

福建省高度重视传统建筑保护工作，持续推进普查认定，深入挖掘文化遗产资源，初步建立了包括历史文化名城、街区、名镇、名村、传统村落、历史建筑、传统风貌建筑等保护对象在内的全省历史文化保护传承体系，先后制定出台了两部法规、三个政策文件。其中，《福建省传统风貌建筑保护条例》为全国首创。

此次，为深入挖掘、研究、整理福建传统建筑，更好地普及福建传统建筑知识，展现八闽先人们的智慧，福建省住房和城乡建设厅组织编撰“福建传统建筑系列丛书”，这既是一项宏大的、浩繁的工程，又是一项功在当代、利在千秋的基础工作。它在为人们了解和认识八闽传统建筑提供一扇窗口，奉上精美的、具有福建特色的建筑文化大餐的同时，也为传统建筑研究提供基础资料，更为传统建筑与现代建筑融合发展提供鲜活的样板。

希望通过该丛书的编撰出版发行，能够迎来新时代地域建筑之佳构，建筑文化之鼎盛。让我们随着编撰者的叙述，开启探寻八闽传统建筑之门，在不同风格、形式的建筑中，于古老的墙、瓦、窗、棂中，去体悟匠人智慧，感受闽人乡愁。

是为序。

国际欧亚科学院院士
住房和城乡建设部原副部长
中国城市科学研究会理事长

序

INTRODUCTION

何镜堂

中国工程院院士，国家建筑设计大师，华南理工大学教授、博士生导师，建筑学院名誉院长、建筑设计研究院首席总建筑师。长期从事建筑创作及研究，创立了“两观三性”建筑论，以建筑记录时代，主持和设计包括上海世博会中国馆等数百项重大工程，获国家和省部优秀设计一、二等奖200多项。曾获首届梁思成建筑奖、国际设计艺术终身成就奖、中国工程院光华工程科技奖、广东省科技突出贡献奖。获党中央和国务院授予的“国家卓越工程师团队”奖。

福建宁化古称黄连峒，早在隋唐年间便可由县西境直通赣江顺流“泛筏于吴”。驿道则西出江西石城，东通清流、明溪，南达长江，北往建宁，四面通达。

“北有大槐树，南有石壁村”，这两个地方都曾作为传统文化的标记，用来述说我国民族的移民史。石壁既是地理概念，也是一个文化地域概念，是特定历史范畴内的特指，它所泛称的文化地域应包括古代宁化全境（今宁化县、清流县和明溪县一部分）和宁化相邻的客家文化小区。

1991年11月20日，梅州客家历史文化考察团撰写的《客家源流考察纪行——广东梅州客家历史文化考察团赴中原、闽赣考察报告》一文指出：宁化石壁是“粤东地区许多客家人念念不忘的祖居地”。鉴于梅州在客家民系中的重要地位，这一认同更具有权威性。

此次对宁化的古村落及传统建筑的调研成果，一方面，展示了客家先民在构筑家园并不断繁衍扩张的过程中，通过以祠堂为核心，逐步拓展的建筑布局模式，充分证明了客家文化强大内聚力。另一方面，对田地山林等自然地势的尊重和巧妙利用，体现了先民的智慧。古朴的传统木构体系和精美的构件雕饰完美统一，随处可见的楹联牌匾，无不展现了客家人的文化自信。

福建省建筑设计研究院有限公司的研究团队深耕八闽大地，对福建地方建筑文化进行了长期研究。此次对宁化的古村落及传统建筑的搜集整理并成功结集，更进一步强化了宁化地区客家属性的定义，亦可大大推进对福建传统建筑的多样性认知。将来通过与周边地区的传统建筑进行进一步的对比研究，为宁化及相应客家文化地域的建筑创作和创新，打下坚实的理论基础，提供重要的指引。书中不但撷取了传统建筑的精华实例，而且整理出了近些年传承了宁化传统建筑文化的优秀现代建筑作品。

此外，宁化现存的红色革命旧址众多，在书中亦以独立的篇章加以整理展现。大量的史实、掌故、人物，以及人们的记忆中许多可发掘的东西，这些必将和人居的研究一起，将宁化的文化价值进一步发扬光大。

何镜堂

目

录

CONTENTS

下篇　地域建筑特色

前言

PREFACE

在一个地方了解当地传统文化最快捷的方式，无疑就是看俗称“老房子”的传统建筑。身为建筑师，更是习惯从地方建筑风貌去理解当地的文化。2022 年初抵宁化县城，就能感受到一种别样的城市氛围。随着探究的深入，一个无法回避的词——“客家”逐渐浮现了出来。当祭祖广场规模宏大的牌坊矗立在眼前，穿行在巨大的百家姓石柱阵列间，抑或漫步于那些历史名人的雕像前，直至最终面对客家公祠内的祖先牌位时，无论是谁，都会被那种如同时光穿越的感觉震撼不已。

客家祖地——宁化石壁

史载“永嘉之乱”后中原汉人第一次大规模南迁至两淮地区，有少量“衣冠南渡”者走得更远，从鄱阳湖地区溯赣江南进赣南，从避乱角度说也算是不错的选择。如果不是因为唐代“安史之乱”和黄巢起义陆续发生在中原大地的大规模战乱，中原汉人也许就不会大量南迁至较为贫瘠的赣南，更不会攀爬过武夷山南段的悬崖峭壁，进入山高水险、林深苔滑的闽西地区，一如当年的“入闽者八族”那样，终于找到相对和平安宁的一席之地。

“石壁村号曰玉屏，乃宁阳分野西北之乡也。层山叠嶂，附卫千里。理取伏例船形，是其名也。”由于武夷山挡住了北国寒流，连绵起伏的东南丘陵也缓和了东南季风，因而这里气候温和、雨量充沛，农作物生长条件很好，一年数熟，产量极高。再加上这里溪河纵横，谷深林密，野生动植物资源极其丰富，为人类提供了充足的食物资源，因此，这一片土地历来就是古闽越各族人民天然的栖息之地。

史载西晋末年“永嘉之乱”和东晋的“五胡乱华”时期，中原氏族百姓大规模南迁，造成了历时 100 多年的移民潮，其余波长达 300 年。虽然当时到达闽粤赣边区的中原汉人并不多，

石壁镇石碧村客家祭祖文化园山门

但是他们为唐代“安史之乱”、黄巢起义后中原汉人大规模南迁的第二次移民大潮起到了领路和先导的作用。

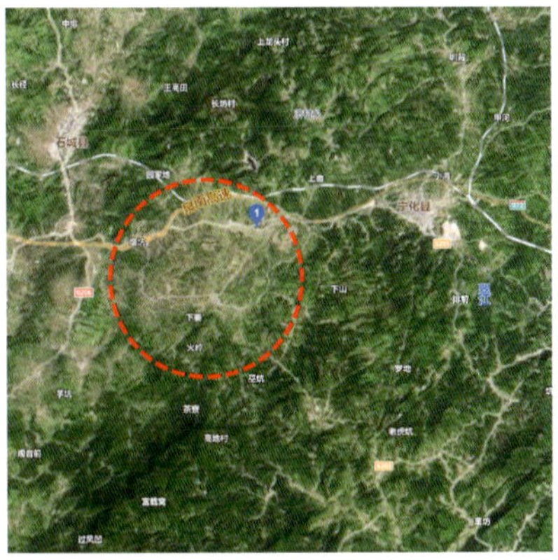

宁化县石壁地区范围

唐至北宋第二次中原汉人南迁大潮中，进入闽粤赣边区的中原汉人成为孕育客家民系的主体。他们迁入客家地区的路线有三条。一为西线，沿赣江而上，滞留赣南。相当部分过梅关到粤北，往东经兴国到宁都、石城，或越过武夷山站岭隘进入闽西宁化。二为中线，由鄱阳湖沿岸北上，或沿抚河经抚州、南城等地到达宁都石城，越站岭隘到达闽西宁化；或由南丰越武夷山脉甘家隘进入福建建宁县，或从广昌越武夷山脉船顶隘进入建宁，再入泰宁、将乐及宁化等地。三为东线，从浙南越过武夷山进入闽北，再迁入客家地区。其中，中线的人数最多。

直接进入闽西寻找既能求生存又能图发展的风水宝地的中原汉人越来越多，地处闽赣通衢之处的较大的山间盆地“宁化玉屏”张开了热情的臂膀，接纳了一拨又一拨历经离乱、走投无路的难民。随着人口的增加，人的生存空间越来越小时，汉族移民的农耕技术和建筑技术派上了用场。人们靠先进的建筑技术，建起了夯土筑墙的土木结构的楼房，摒弃了当地土著的洞穴巢居或竹木棚子，使当地土著走出洞穴，走出山林，彻底结束了徙居轮耕生活，也像汉族移民那样过上了定居垦殖生活。于是，这一片地区得到极大程度的开发。

两宋时期外来汉族移民急剧增加，处在汀江和沙溪河发源地的石壁地区人口剧增，人们沿着汀江或沙溪河的支流顺流而下，向着更为广阔的闽西南或闽中地区进发。于是，外来汉族移民源源不断地越过武夷山进入石壁地区后继续向外迁徙。石壁，成了名副其实的移民集散地。中原汉人在石壁地区开发垦殖以及与当地土著和平共处，融化、同化当地土著，从而反客为主。

宁化城池图（引自清康熙版《宁化县志》）

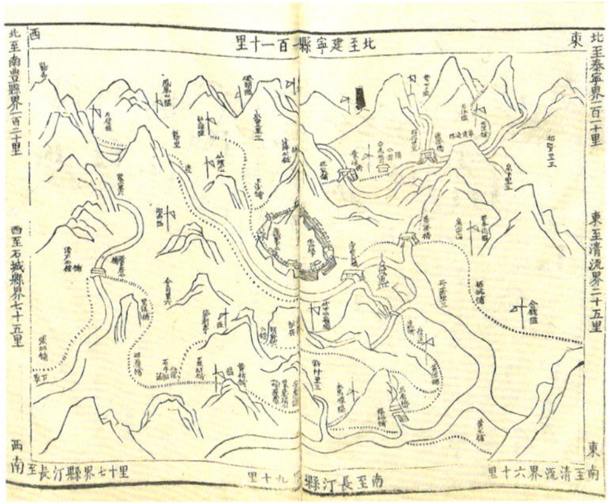

宁化县域图（引自清乾隆版《汀州府志》）

他们在继续前行的过程中，将这一成功经验带到各地，将优秀的中原传统文化带到更加广阔的汀江流域，终于使汉族的又一个特殊支系客家民系得以形成。

根据有明确迁入时间可考的宁化县 218 姓族谱文献统计，唐至北宋迁入定居的中原汉人有 118 姓，占总数的 54%。北宋末年“靖康之难”引发中原汉人第三次南迁大潮，其规模更大，距今更近。南宋迁入 63 姓，占总数的 29%，宁化县人口在南宋宝祐元年（1253）有 38000 户 11 万余人，是清朝以前人口数的最高峰。可见闽粤赣边区是孕育客家文化的大温床，而石壁更是客家民系形成的中心地域。

于是，宁化石壁村担负起历史的重任，成为客家民系集体记忆中更具象征意义的中转站、接待站、聚散地、摇篮、祖地、圣地……不一而足。

天人合一 —— 传统村落

作为位于武夷山南段东麓较为宽阔的山间盆地，石壁村及其毗邻的宁化县其他大大小小的山间盆地，自古以来就是鱼米之乡。

以曹坊镇下曹村为例。下曹古村格局于元末明初之时形成，其村地势平坦，西北高东南低，周边小丘环抱，村东河流蜿蜒穿行于荷塘之间。放眼望去，大片的稻田直抵远山之下，一派温馨的田园牧歌的景象。

下曹村现存各类历史古迹不仅数量众多，且规模宏大、保存完整。下曹村至今保存基本完好的主要古迹建筑总数达 51 处。其年代早至元末明初，以清代建筑为主，大致可以分为寺庙、祠堂、祖厅、民居等各类建筑。村落街巷中又以宗祠、祖厅及古民居的数量最多。此外，古桥、古井等众多构筑物也极具特色。

目前全村连片分布的历史建筑，依稀可以分成八个组团。由于全村整体场地开阔，各组团并未严格遵守统一的南北朝向，而是依照所在地块特质，因形就势，在遵从围绕祠堂或祖屋为核心的格局下灵活发展成片。

和用地开阔的下曹村不同，宁化不少传统村落具有位于河滩、谷地的向阳坡脚形成的人居

曹坊镇下曹村鸟瞰

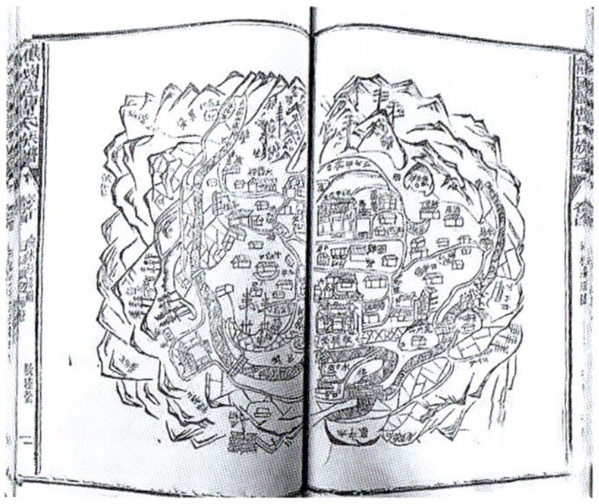
曹坊镇下曹村古地形图

环境。往往以一到两个祠堂或祖屋为核心，东西两翼拓展，并逐步向北侧坡地上延伸，形成一个小村落。例如，泉上镇延祥村、水茜镇沿溪村、城郊社背村均是如此。

泉上镇延祥村下村鸟瞰

延祥村位于宁化县泉上镇，处于宁化、明溪、清流三县结合部。延祥地处高山，有五里横排十里岭之称。延祥下村是群山环抱之中 5 平方公里的山谷盆地，盆地南侧一条河流静静流过，环境幽美。延祥保存着丰富、珍贵的古文物、古建筑和古胜迹。

延祥下村选址于山谷中段北侧的凸出坡地上。位于坡脚最低处即为杨氏祖屋，其木构屋架现已坍塌，仅余青砖外墙留存。自祖屋向北，不同年代修建的民房沿中央村路逐次沿山坡向上沿展，直至祠堂，秩序井然。精心挑选的建村位置完整体现了先民对山川地理的认知，次序分明的房屋格局，亦清晰地展示了中华传统文化的脉络。延祥不愧是儒家风范、薪火相传的文化之乡。

延祥村 2015 年被列入省级传统村落、2016 年被列入第四批国家级传统村落。

诗意栖居——传统民居

宁化县位于武夷山脉中段南侧，属低山丘陵地貌，石壁一带是自然资源相对丰富之地。这里是中原汉人在唐末从江西鄱阳湖一带南迁入闽的第一站，地广人稀，大片可供居住开发的荒坡丘陵。客家人为避战乱才在此落脚，并得以休养生息数百年。

起初南来的客家人以家族为单位，在山间谷地开荒拓土，由于山地资源匮乏，他们只能向当地山民学习，就地取材，奠石为基，或锯木为架，或夯土为墙，建造两层的“土墙屋”。因此早期民居多为穿斗木构，或吊脚楼底层架空，或二层出挑外廊，俗称“椿凿屋”。一般规模较小，朴实无华，常见三合院或小型四合院平面。典型的例子就是宁化县安远镇安家磜。它坐落于武夷山南段的一处山谷盆地内，是一座有着 300 多年历史的小山村。村民以傅姓为主。

安家磜周边林木茂密，主要以松、杉为主，兼有部分乔木、竹林。 村中生长着三棵树龄 300 多年的银杏树，高大茂盛。全村 150 多幢小木屋错落有致，古朴沧桑。小木屋大多二层高，主要由厨房、堂屋、卧室、厕所与附属的院落、圈栏等组成。不少木屋搭建在陡峭的山坡上，一层由木头柱子支在石头或山崖上，形成独特的吊脚楼。为安全起见，“吊脚”大多用木板封住以防野兽破坏。甚至有些临水而建的房屋，受限于地形，不得不把部分房子凌空架设于水面之上。其临水的柱下以砖石为基入水，再用木柱搭建在砖石上面，随后搭架起楼。

现存建筑层数多为一至二层，偶见三层。房屋主体结构均为穿斗式木构，屋顶除了少量出现歇山形式外均为双坡悬山。远观整个村落，层叠有序的坡屋顶顺应地势的变化，错落有致，完美贴合了地形的变化。建筑的二层四周均设置外挑廊，上覆出檐或雨披，有效适应了山间多雨的气候。

安远镇安家磜全景鸟瞰

从建筑墙体围护材料来看，早期多以木板封闭，间或有泥土夯筑，随着年代的变化，少量砖墙围护的墙体也逐步出现。行走在村中道路上，随处可见的以柴垛或溪石垒筑的院墙别有风味。

村庄四面环山，山清水秀，常年白云缭绕，环境清幽。天然质朴的村庄散落其间，宛如天成。想来传说中的桃花源也不过如此。

随着定居后人口的增加，南来的客家人不可避免地与当地的居民产生利益冲突。中原移民善于耕种，积累了财富，引来盗匪的觊觎。古已有之的“皇权不下乡”的传统，使得一些地处山区的大家族不得不筑堡自卫，形成了另一种更强调防卫功能的居住建筑——土堡。宁化县城郊社背村的“土堡”就是其典型代表。

社背土堡，又称“万青松土楼”，位于宁化县城郊乡社背村外村一处相对独立的山岗上。土堡平面呈方形，坐东南朝西北，俯瞰着山间河谷的层层梯田和零星散落的小木屋。土堡共两层，外墙就地取材用黄沙土生土夯筑。中轴线上依次为砖砌门脸、堡门、平顶门厅、中天井、主堂、扶楼等。环绕天井设住房、粮仓、储存间。二楼靠外墙处设跑马道。土堡四面墙上均设有外宽内窄的条形斗窗和射击孔，四角还设置外突的角楼，是典型的防御、居住并重之堡。土堡建筑的那几分威严在一派田园牧歌景象之中，亦不觉突兀。

城郊乡社背村社背土堡鸟瞰

在宁化的河谷盆地平原，随着北方的世家大族逐步定居下来，经济发展，在人口密集的村落，开始出现青砖空斗外墙的四合院

宁化县红卫村伊秉绶故居

曹坊镇张新华故居鸟瞰

民居，甚至联排式两层砖砌楼房，俗称“封火屋”，并逐渐发展成殿堂式合院民居。

以宁化县红卫村五星路 18 号伊秉绶故居为例。宅基地坐北朝南，背靠山林，平面呈长方形。由左右两列房屋组成，左列由南至北依次为花厅、左右厢房、卧室和厨房。右列由南向北依次由前厅、后堂以及前门厅组成。前门厅为穿斗式五架梁结构，其中靠外墙架梁直接架在墙头处。前天井照壁为三门五楼，砖结构、灰贴面。前厅面阔三间，进深三柱，为悬山顶。花厅面阔三间，进深三柱，为穿斗结构悬山顶。整体建筑为硬山顶砖木结构，举架高，用材大，梁宽，柱特别粗，建筑布局讲究对称，外观多质朴无华，颇有明代遗风。

较大的合院式住宅又在祖厝两侧扩展建造护厝，增加护厝天井空间。建于清代的曹坊镇滑石村张新华故居便属此类。其宅基地背靠山林坐东朝西，由中轴线上的晒坪、大门、照壁、两进天井前后厅及护厝（横屋）等组成。在方正的四合院北边加建两层高的护厝，两者以天井相隔。护厝天井内设环廊与主楼相通，良好的通风和采光，营造出良好的交往空间。环廊南侧设置“美人靠”，极富生活气息。整个住宅的主入口开设于西侧院墙的北端。在避开了建筑的中轴线，确保前厅照壁的完整之外，还向北侧拧转了约 20°。出门望去，赫然正是开敞宽阔的长潭河谷地，数百亩良田蔚为壮观。有意思的是大门前的台阶呈五边形，尖角朝外，其用心之巧可见一斑，亦由此可见中原文化已渗透在宁化客家建筑的血脉之中。

荣光再现——宗祠建筑

我们发现南迁的客家人定居后，最重要的事便是修建宗祠。宗祠里供奉先祖的神主牌位，是祖先崇拜的仪典性空间，是维护宗法礼制，进行宗族议事和执法最重要的场所。其建筑规模与外观是家族历史与荣耀的象征。因此客家人尤其注重宗祠家庙的建造。宁化宗祠建筑不仅规模宏大，还集雕刻、绘画等技艺于一身，以其壮美华丽，成为地域建筑最高水平的代表，是宁化传统建筑中最具特色的建筑类型。

宗祠的选址极为讲究，即便是地处相对平坦谷地村落，亦会寻一地势较高的小山丘为靠，正对远方的山谷为基修筑。宗祠前往往在门前刻意营造出以矮墙围护的小广场，其地面精心铺

治平畲族乡坪埔村连氏宗祠鸟瞰

宁化县上进路薛家坊小溪谢氏家庙门楼

设的装饰纹样不但精美，而且多富有良好的寓意。小广场的出入口皆避开宗祠正门，从两侧进出。有条件的广场外还会引水成池，形成池塘、广场、宗祠三位一体的空间序列。即便是在深山峡谷的小村庄，也会尽力营造出所谓“前有照、后有靠”的风水格局。

宁化宗祠建筑常见的平面布局是二堂式，正堂又称“拜殿”，作为主神的祭奠大厅。下堂又称“下厅”或“下廊”，平时可供休息，节庆时期可搭建戏台，又成为族人的文化娱乐中心。

除了宗祠内部空间的堂皇之外，在入口门楼的处理上，更是争奇斗艳。宗祠门廊的平面呈内凹的“八”字形，门廊做成四柱三楼牌楼式的造型，蔚为壮美。屋脊彩绘和雕饰两端起翘，飞檐一角垂下华丽的角鱼，其檐下层层叠叠细密的斗栱装饰是其突出的特点。在华丽且细密的斗栱之间还穿插镶嵌彩绘的花板装饰，极尽花哨之能事，用以彰显家族的荣耀。此外，出人意料地在斗栱间伸出十数根弯曲且细长的插栱装饰，犹如蟒蛇出洞。也有的头部做成龙头状，看来这种构件或许是从下昂演变而来，如今已无任何结构受力作用，为纯装饰性的下昂变异。这种蛇形构件，是宁化祠堂最为独特的细部装饰。此外，宁化祠堂还有一处特别的装饰，即在门廊粗壮的横梁两端龙头咬梁，这在民间估计有辟邪祈福的含义。以上这些建筑细部装饰在福建传统建筑中可谓独特的存在。

红色记忆——中央苏区革命旧址

在中国近代的百年风云激荡中，宁化占有不可替代的重要地位。在宁化县乡间随处可见的红色旧址，无时无刻不在提醒我们，宁化所属的三明地区是共和国的“红色摇篮”“红军故乡”。

1931 年，凤凰山乡苏维埃政府成立后，积极响应中央和省委关于扩大红军的号召，在岭背屋香火堂设立扩红指挥部，并在松竹居、列宁小学等场所开展宣传动员，号召全体青壮年参加红军，经过动员，青壮年纷纷报名参军。红军时期仅有 13 万多人口的宁化县就有 13700 多人参加红军，被誉为“扩红模范县”。

凤凰山红四军驻地暨扩红指挥部旧址位于淮土镇凤山村岭背屋，建筑始建于清，坐东朝西，由前坪、大门、下廊、天井、正堂、后挡墙等组成。下廊抬梁式架构，两面坡悬山顶。正堂面阔三间，进深三柱，悬山顶，穿斗抬梁混合式梁架结构。现该旧址是王氏后裔举行族祭活动的宗祠。

淮土镇凤山村凤凰山红军长征出发地旧址群——红军街

曹坊镇下曹村泰宇公厅厦

宁化县翠江镇小溪豫章书院

第二次国内革命战争时期，毛泽东、朱德、彭德怀、陈毅等老一辈革命家都曾在宁化进行艰苦卓绝的革命斗争。1934 年 5 月 16 日，闽赣省委书记邵式平率闽赣省委及省苏维埃政府机关及所部红军进驻里坑村。张闻天、项英、邵式平、方志纯曾经在这里战斗过。坐落于宁化县湖村镇巫坊村陈家弄的陈氏宗祠“思远堂”始建于明崇祯年间，是当时彭湃县苏维埃政府旧址。

位于宁化曹坊镇下曹村的“泰宇公厅厦”又名“漆厅厦”，曾经是红十二军驻地旧址暨罗炳辉、谭震林旧居。它始建于清嘉庆十七年（1812）。建筑为风火墙硬山顶二进式合院，坐东南朝西北，中轴线上依次为大门、禾坪、门厅、中厅、前天井、上厅、二进照壁厅、后天井。其建筑大门为重檐歇山顶，四柱三间三楼牌楼式，两侧带“八”字形影壁。该建筑结构完整，梁架稳定，各厅地面均用青砖横竖铺砌，雀替、驼墩、梁枋斗栱，雕刻精美，在众多朴素的宁化民居中较为罕见。

1929 年红四军进入闽西地区，点燃了革命火种。各级苏维埃政权成立，宁化成为中央苏区稳固的大后方，成为中央红军重要的给养和后勤保障基地，曾被誉为“中央苏区乌克兰”。

作为中央苏区的大后方，宁化地区现存大量红军后勤保障部门的驻地医院、学校、粮仓等，不一而足。

位于小溪村小溪边的清代学堂“豫章书院”，是当时宁化县苏维埃政府保卫局旧址。位于湖村镇巫坊村陈氏宗祠——少唐公祠是巫坊红军医院旧址。位于石壁的张氏家庙下祠是石壁红军独立第七师救护所。位于曹坊镇下曹村的廷玉公厅厦是红色夜校旧址。下曹村的立人公厅厦是红一军团军需仓库旧址。最值得一提的是陈塘红军第四医院旧址群。

红军第四医院位于宁化县石壁镇陈塘村，按职能分为住院部、后勤部、行政管理部三个部门。住院部旧址（惠日堂）俗称下新屋，为民国初年所建。后勤部旧址（新厝里）始建于清代，行政管理部旧址（修齐堂）俗称上新屋，建于清咸丰五年（1855）。三处建筑均属堂横式民居，平面格局为规整的矩形，以中部主座的前后两堂建筑为中心，中轴对称，布局严谨，两侧依次排布横屋，前置泮月池，后靠层级花台，立面采用青砖、青瓦，屋顶为硬山形制，两端瓦脊堆叠微微上翘，是典型的闽西客家乡土建筑。

红军第四医院住院部旧址（惠日堂）鸟瞰

红军第四医院后勤部旧址（新厝里）鸟瞰

红军第四医院行政管理部旧址（修齐堂）鸟瞰

医院安置在几座砖木结构合院式客家民居内，主体建筑为二进三堂加辅房的合院式建筑，由门楼、围墙、内禾坪、下堂、天井、厢房、上堂、护厝等组成，主体建筑为穿斗式结构悬山顶。医院按职能分为住院部、后勤部、行政管理部、医疗室、制药房、厨房、伤员活动处、伤员卫生知识普及地、宣传漫画园地等，另有操演场及红军墓地等重要遗迹。院内目前还保留着 26 幅标语和漫画。

住院部旧址（惠日堂）为坐北朝南的建筑，四面山墙合围，平面呈规整的矩形。建筑由前坪、主座建筑、左右各一列横屋组成。

行政管理部旧址位于修齐堂。修齐堂于清咸丰五年（1855）始建。坐东北朝西南，由泮月池、前大埕、门楼、门厅、正厅、后花台及左右各双排横屋组成。门楼重檐硬山顶，正厅面阔五间，进深九柱。修齐堂为宁化民居建筑群中不可多得的精品。

三明是“中央苏区的核心区”。宁化以其良好的群众基础和地处武夷山南段东麓优越的盆地生态环境，成为中央苏区最稳定的粮仓。同时它也是以瑞金为中心的中央革命根据地的东方前哨和屏障，是捍卫中央苏区首府的“东方门户”，战略地位十分重要。在第五次反“围剿”中，中央苏区军民展开了英勇顽强的防御保卫战，为中央主力红军的战略转移提供了战略回旋空间。

在中央机关及中央红军进入战略转移前的准备阶段里，中央还直接派人民委员会主席张闻天到宁化开展工作，朱德总司令发出命令部署巩固中央苏区东北门户的有关事项，项英、毛泽民等多次到宁化检查督促闽赣省的工作。中共闽赣省委和省苏维埃政府先后迁移至三明建宁、宁化和尤溪等地。位于曹坊镇下曹村西南的下曹敬湖公祠，是红军北上抗日先遣队宿营地旧址。

宁化县是中央苏区坚持到最后的 8 个县之一。

曹坊镇下曹村敬湖公祠

长征出发前夕，驻守宁化的中央主力红军约 1.4 万人，占中央主力红军总兵力的 16%，其中红三军团第四师及军团医院驻守宁化淮土凤凰山（今淮土乡凤山村），红四师司令部设在凤山松竹居门楼，红军战士在凤山街两旁民房内宿营，几乎家家户户都住有红军，少共国际师一个团驻守宁化淮阳隘门，中革军委直属炮兵营驻守宁化淮阳，红九军团后方机关驻守宁化曹坊上下曹及滑石一带。

宁化人民为中国革命和新中国成立做出了重大的贡献、付出了巨大的牺牲。1934 年 10 月就有 6600 多名宁化籍红军战士跟随中央红军进行战略转移。1935 年 10 月，经过二万五千里长征，胜利到达延安的宁化籍红军战士仅存 58 人。

扎根在宁化人民血脉中的浓浓的红色基因，使得遍布宁化各地的革命旧址建筑，在经历了近百年的风雨侵蚀和历次的政治风波后，依然得到了相对完整的保护。我们寻访到它们时，再次为其承载的厚重文化和光荣历史而赞叹不已。在红军长征出发地纪念园区，新建的五角星形的纪念馆巍然矗立，风展红旗如画。

革命精神——创新永存

世界客属文化交流中心

宁化文昌阁

县城中心三溪六岸汇合处，充分传承了宁化传统建筑地域特色的三层五重檐塔式文昌阁临水而立，和近年建成的两座跨河廊桥交相辉映，为市民创造了富有文化氛围的建筑空间。世界客属文化交流中心，秉承包容了“汇、聚、根、源”的客家文化内涵，运用新材料、新技术，将典型的客家文化元素巧妙融入其中。它跳出了对固有形式的模仿的窠臼，以方形围合体，蕴含传统客家聚落形态的意象，强调场所的向心性、汇聚力，建成以来一直广受好评。

往昔的荣光虽已远去，在宁化这片热土上，客家人开拓进取、勇于创新的革命精神依然长存。

陈塘红军第四医院住院部旧址（惠日堂）

陈塘红军第四医院行政管理部旧址（陈塘修齐堂）

红一军团驻地暨红军北上抗日先遣队司令部旧址（安俊公厅厦）

保护文物
严禁烟火
入口
Entrance

泉上镇延祥村下村巷道

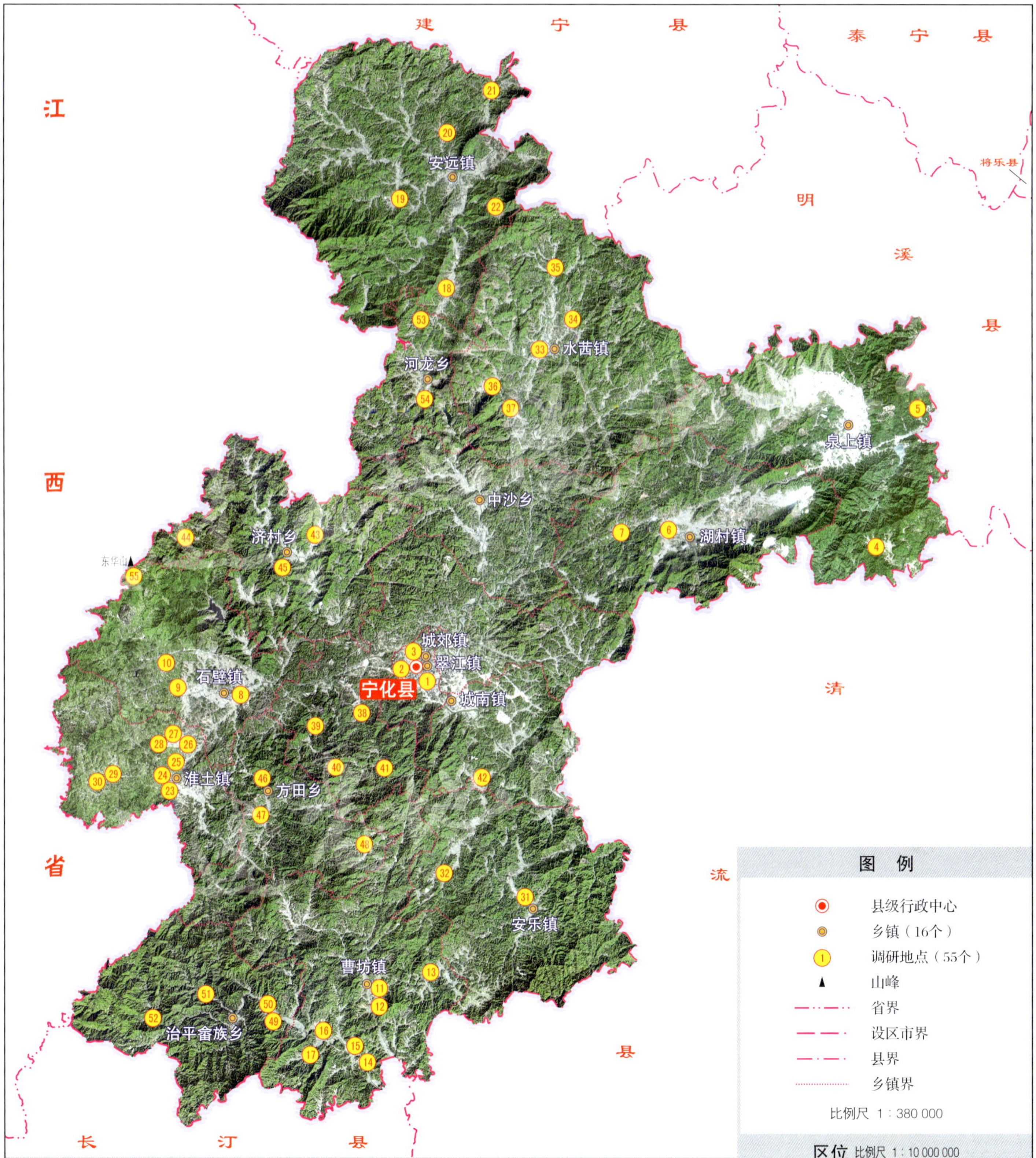

区位 比例尺 1：10 000 000

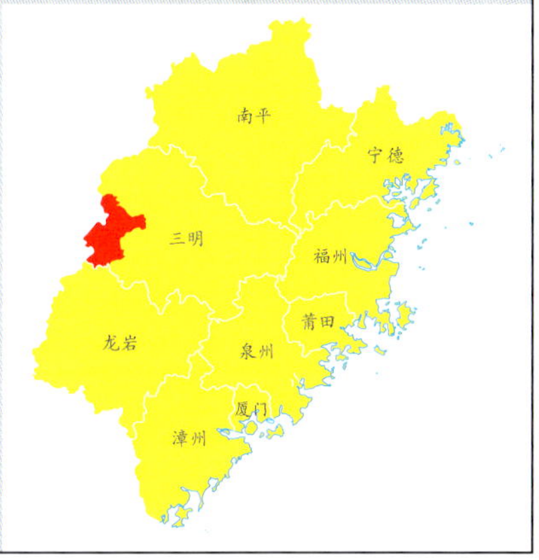

考察调研村落位置信息表

翠江镇		10	陈塘村	21	东桥村	32	赖畲村	42	水口村	52	下坪村
1	双虹村	曹坊镇		22	安家磜自然村	水茜镇		济村乡		河龙乡	
2	小溪村	11	上曹村	淮土镇		33	水茜村	43	罗家村	53	永建村
3	红卫村	12	下曹村	23	淮阳村	34	上谢村	44	长坊村	54	下伊村
泉上镇		13	石牛村	24	桥头村	35	张坊村	45	吾家湖村	其他	
4	延祥村	14	黄坊村	25	水东村	36	沿溪村	方田乡		55	东华山
5	丘坑自然村	15	滑石村	26	禾坑村	37	沿口村	46	方田村		
湖村镇		16	三黄村	27	吴陂村	城郊镇		47	朱王村		
6	巫坊村	17	根竹村	28	青平村	38	雷陑村	48	南城村		
7	下埠村	安远镇		29	凤山村	39	社下村	治平畲族乡			
石壁镇		18	伍坊村	30	大王村	40	社背村	49	邓屋村		
8	溪背村	19	张垣村	安乐镇		41	都寮村	50	彭坊村		
9	石碧村	20	里坑村	31	安乐村	城南镇		51	坪埔村		

编制单位：福建省地图出版社　审图号：明S（2024）006号

上篇

传统建筑实例

许多人都以为“客家人”的客家是个少数民族，其实“客家人”是汉族的一个民系，是中原汉人在西晋末年为避战乱南迁而来的一个族群，经过近千年的辗转迁徙，历尽苦难。唐末黄巢起义后又起动乱，他们从江西鄱阳湖畔迁到福建宁化，才得以安宁。宁化地处武夷山南麓，属第三丘陵地貌，这里地广人稀，是福建的边疆，客家人终于得以落脚定居。经百年的休养生息，部分族人沿汀江南下广东出洋。现在客家人遍布世界各地，总人数近亿，他们都把宁化当作客家祖籍地，每年前来寻根谒祖。

据不完全统计，宁化现有 230 多个宗祠，不仅数量众多，而且年代久远，最早可追溯到唐代。为光宗耀祖，每个家族都倾其所有，集中财力，建造宗祠。宗祠的华丽气派成为家族荣耀的标志，因此宁化的宗祠建筑百花齐放，个性突显。其大门为凹廊牌楼式或在外墙面砖雕牌楼门，内院及大堂华丽恢宏，构成传统建筑有别于其他地区的一大特色。

宁化地处福建省西南部，属边远山区，在土地革命时期，国民党政府鞭长莫及，宁化成为苏维埃政权的革命根据地。宁化是著名的革命老区，是中央苏区形成之初二十一个苏区县之一。毛泽东、朱德、彭德怀等老一辈无产阶级革命家曾在这里进行革命实践活动。红军长征前，宁化县源源不断为红军输送大量的人力、物力、财力，因此曾被誉为“中央苏区乌克兰”。宁化是中央主力红军四个长征主要出发地之一。1934 年 10 月驻守宁化的红三军团第四师、红三军医院及部分伤员、红九军团后方机关约 1.4 万中央主力红军经补充修整后，奉命从宁化曹坊镇及淮土乡凤山村一带出发北上抗日。参加红军长征的宁化籍红军战士有 6000 余人，宁化是红军长征最远的出发地。近年来，宁化的几十处革命红色旧址得到抢救性修缮，因此这些曾用作红色政权驻地的传统民居及宗祠作为红色文化旧址得到了很好的保护，成为宁化传统建筑的典型代表，完好保存至今。本书收集了宁化西南五乡农民暴动旧址上曹村的曹氏家庙、红一军团军事仓库旧址立人公厅厦、红一军团驻地旧址下曹村安俊公厅厦、红军第四医院行政管理部旧址修齐堂、住院部旧址惠日堂、后勤部旧址新厝里等三十余处红色革命旧址作全面展示，这些建筑构成了宁化传统建筑的完美画卷，展现了宁化传统建筑鲜明的地域特色。

宁化的风景秀丽，山川壮美，桥亭牌坊点缀其间。各种类型的风雨廊桥作为富有地域代表性的桥梁建筑，既起到交通职能，又兼顾遮风挡雨及乡间集市的功能。

宁化县西南与江西省交界的站岭隘历史上是闽赣两省往来的重要通道，它见证了中国移民史上一个重要的事件，即客家先民由武夷山南麓东出江西、到达闽西客家祖地的全过程，是客家移民路上的一个标志。

曹坊镇下曹村鸟瞰

一、传统聚落

宁化传统村庄选址多位于河滩、谷地的向阳坡脚，往往以一到两个祠堂或祖屋为核心，东西两翼拓展，并逐步向北侧坡地上延伸，形成一个小村落。例如水茜镇沿溪村、城郊社背村均是如此。

某些场地较开阔的大村落，就未必严格遵守统一的朝向，而是各家依照所属地块特质，因形就势布局，亦同样遵从祠堂或祖屋为核心逐步发展的格局。例如石壁村、彭坊村、下曹村就是其典型代表。

下曹村聚落远景鸟瞰

曹坊镇下曹村

下曹村聚落格局完整，古村格局于元末明初形成，历史建筑连片分布，各类历史古迹不仅数量众多，且规模宏大、保存完整，客家风俗民情等真实传承，蕴含着丰富的历史文化内涵，是一处不可多见的闽西客家明清建筑聚集地。下曹村至今保存基本完好的主要古迹总数达 51 处。这些古迹的年代早至元末明初，以清代建筑为主。大致可以分为村落街巷、寺庙、祠堂、祖厅、民居各类建筑，以及古井、古桥等，其中又以宗祠、祖厅及古民居的数量最多，也最具特色。传统建筑的建筑技艺在此亦表现得极为突出，随处可见精美的木雕、砖雕、灰塑、彩画等装饰，题材丰富，技艺精湛，地面用卵石或卵石与砖块相间嵌出的图案等极具科学与艺术价值。

下曹村还是 1930 年宁化西南五乡农民武装暴动的地点之一，也是红军万里长征最远的出发地之一。村内现存大量保存较好的红军标语，是宁化中央红区的重要代表。下曹村堪称闽西客家文化与红色文化保存最为完好的古村落之一。

下曹村 2012 年被列入省级历史名村、2015 年被列入省级传统村落、2019 年被列入第七批国家级历史文化名村、2019 年被列入第五批国家级传统村落。

下曹村聚落中景鸟瞰

下曹村聚落近景鸟瞰

下曹村聚落景观

下曹村聚落河道廊桥

下曹村聚落小广场

下曹村聚落民居

下曹村聚落巷道组图

下曹村聚落历史建筑群中心广场

石碧村聚落垂直鸟瞰

石碧村张氏宗祠（下祠）鸟瞰

石碧村聚落远景鸟瞰

石壁镇石碧村

石碧村位于宁化县西，闽赣边界武夷山的东麓。现属禾口乡（1993 年改名为石壁镇）的一个行政村，是一片比较开阔的盆地，历史上森林茂密，从远处望去，像一堵绿色屏障，由此得名玉屏。唐中叶更名为"石壁"，五代再改为"壁"，后又改今用之"碧"。古称"石壁"既指村落，又指地域，包括周围的一些村落，石壁是个中心，是这些地区的代称。

宁化县石壁镇石碧村是闻名海内的客家祖地。石壁人原是中原汉人，从东晋开始，受战乱、饥荒、兵灾，以及政府的奖掖政策、外地经济渗透等影响，大批中原汉人举家南迁。唐宋时期，南迁汉人一度汇聚石壁，蔚为壮观。久而久之，地处闽赣交界的武夷山东麓宁化县石壁镇石碧村遂成客家祖地，是客家人的摇篮，有"北有大槐树，南有石碧村"之谓。

石碧村 2015 年被列入第一批省级传统村落。

石碧村聚落民居入口

石碧村聚落张氏宗祠（上祠）

石碧村聚落张氏宗祠（上祠）

石碧村聚落灵显庙

石碧村聚落三官庙

石碧村聚落香火厅内院

石碧村聚落民居

石碧村聚落街巷

石碧村聚落民居山墙

延祥村下村聚落远景鸟瞰

延祥村下村聚落近景鸟瞰

延祥村下村聚落街巷一

延祥村下村聚落街巷二

延祥村下村聚落街巷三

泉上镇延祥村

延祥村位于宁化县泉上镇，处于宁化、明溪、清流三县结合部，是泉上镇一个行政村，与泉上镇、清流嵩溪镇及林畲乡所在地均相距 15 公里，与宁化湖村镇、明溪盖洋镇所在地亦相距 20 公里。

延祥地处高山，有五里横排十里岭之称。群山耸立，路隘林深，村所在地海拔 690 米。境内千米以上高峰有三座（酒坛寨 1084 米、石壁岭 1112 米、莲花掌 1120.5 米），有 700 至 900 米的山峰四座（松磔坳 864 米、九龙寨 816 米、超香嵊 843 米、浅迎寨 700 米）。延祥本村是群山环抱之中 5 平方公里的山谷盆地，不仅环境幽美、资源富庶，而且是儒家风范、薪火相传的文化之乡，保存着丰富、珍贵的古文物、古建筑和古胜迹。

延祥村 2015 年被列入省级传统村落、2016 年被列入第四批国家级传统村落。

延祥村下村聚落垂直鸟瞰

延祥村下村聚落街巷

延祥村下村聚落街巷组图

延祥村下村聚落街巷

延祥村下村聚落民居入口

延祥村下村聚落民居内院照壁

社背村聚落垂直鸟瞰

社背村聚落近景鸟瞰局部组图

城郊镇社背村

社背村位于宁化县城郊镇西南部，距县城 13 公里，地理位置较为偏僻，是典型的城郊高山村。全村现有 367 户 1431 人，共 6 个自然村，10 个村民小组，耕地面积 1493 亩，山地 10863 亩。

社背村 2015 年被列入第一批省级传统村落。

社背村聚落中景鸟瞰

社背村聚落民居组图

社背村聚落民居近景

社背村聚落社背水库

社背村聚落民居

社背村聚落民居组图

治平畲族乡彭坊村

彭坊村位于治平畲族乡东南部，距乡所在地 3 公里，东与邓屋接壤，西与治平村相连。村落面积 0.3 平方公里，全村 194 户，总人口达 824 人，辖 1 个自然村，4 个村民小组。

彭坊村属宁化县管辖，旧称福建省汀州府宁化县会同里一都。彭氏于唐朝开基，由江西宁都白鹭树下迁入。由于彭氏最早开基，此地被称为彭坊村，赖氏从宋朝开基，范氏于洪武三年（1370）从建宁迁入。全村三个姓氏，范氏人口最多，彭氏人口次之，赖氏人口最少。三氏都有祠堂，其中彭、范两氏祠堂占地面积均在 1000 平方米以上，规模较大，雄伟壮观，赖氏宗祠最新。其中彭氏一部分人口迁入长汀县童坊彭坊村。

彭坊村现留有清代古民居建筑 30 多座。村庄前面有一条河流，三座桥梁，整个古村建筑成四方形。平常村里有民歌、舞龙灯表演和木偶剧演出。烤烟和竹业生产是该村特色产业。

彭坊村 2015 年被列入第一批省级传统村落。

彭坊村聚落近景鸟瞰组图

彭坊村聚落垂直鸟瞰

彭坊村聚落民居

彭坊村聚落街巷

彭坊村聚落赖氏宗祠

彭坊村聚落民居内部

彭坊村聚落民居

彭坊村聚落街巷组图

延祥村孔坑聚落垂直鸟瞰

延祥村孔坑聚落民居

延祥村孔坑聚落路亭

泉上镇延祥村孔坑

延祥村海拔约 700 米，与清流县、明溪县交界，是泉上镇最偏远的村落之一。延祥村西部的孔坑，又称“西园”，常年云雾缭绕。这里朝东背西，自古以来就是优质的茶园，产出的茶品质上乘，每年只采一季，因此产量较低。一般清明后开始采，到五六月就休息。

延祥村 2015 年被列入省级传统村落、2016 年被列入第四批国家级传统村落。

延祥村孔坑聚落近景鸟瞰

延祥村孔坑聚落民居局部一

延祥村孔坑聚落民居局部二

延祥村孔坑聚落巷道组图

延祥村孔坑聚落民居鸟瞰

延祥村孔坑聚落路亭

延祥村孔坑聚落民居门楼

赖家山聚落中景鸟瞰

治平畲族乡下坪村赖家山

治平畲族乡下坪村是三明市宁化县治平畲族乡第三大行政村，位于宁化县南部，距县城 60 余公里，离乡政府所在地 10 公里，是典型的高山村，村落面积 8.6 平方公里。下坪村地处治平乡西部，位置偏远，海拔高。治平畲族乡下坪村赖家山村民小组位于宁化县治平畲族乡下坪村，周边紧邻江西省赣州市石城县横江镇、庵杰乡等地，周围有宁化县最高峰——鸡公岽。

赖家山聚落垂直鸟瞰

赖家山聚落近景组图

赖家山聚落民居

赖家山聚落民居山墙面

安家磜聚落远景鸟瞰

安远镇岩前村安家磜

宁化县安远镇安家磜坐落于武夷山南段的一处山谷盆地内，距县城 45 公里，是一座有着 300 多年历史的小山村。常住人口不足百人，村民以傅姓为主。周边林木茂密，主要以松、杉为主，兼有部分乔木、竹林。村中生长着三棵树龄 300 多年的银杏树，高大茂盛。全村 150 多幢小木屋错落有致，古朴沧桑。小木屋大多二层高，主要由厨房、堂屋、卧室、厕所与附属的院落、圈栏等组成。不少木屋搭建在陡峭的山坡上，一层由木头柱子支在石头或山崖上，另一层多为砖砌，木柱搭建在砖石上面，形成独特的吊脚楼。为安全起见，“吊脚”大多用木板封住。大山层峦叠嶂，村庄四面环山，山清水秀，常年白云缭绕，环境清幽。

安家磜聚落垂直鸟瞰

安家磜聚落近景鸟瞰

安家磜聚落中景鸟瞰

安家磜聚落民居

安家磜聚落民居组图

家磜聚落远眺组图

安家磏聚落吊脚楼

安家磏聚落远景

安家磏聚落傅氏宗祠

陈塘村惠日堂正面外景

二、红色革命旧址

宁化全域属原中央苏区范围，1930 年 6 月，红四军帮助西南五乡发动农民武装暴动，建立了第一个红色革命政权，是早期赣南和闽西革命根据地的核心。宁化苏区扩红支前运动始终走在中央苏区前列，被誉为“中央苏区乌克兰”。

宁化是捍卫中央苏区首府的“东方门户”，是第一次反“围剿”红军筹粮筹款扩红之地，是第五次反“围剿”中央苏区东北门户的重要屏障，为中央红军主力的战略转移提供了战略回旋空间。宁化县是中央苏区坚持到最后的 8 个县之一。

至今，宁化仍完好地保留了大量土地革命时期苏维埃党政军驻地旧址。

惠日堂正面鸟瞰

陈塘红军第四医院住院部旧址（惠日堂）

陈塘红军第四医院旧址群位于宁化县石壁镇陈塘村，按职能分为住院部、后勤部、行政管理部三个部门。住院部旧址（惠日堂），俗称下新屋，为民国初年张恩惠、张恩日兄弟所建。后勤部旧址（新厝里），始建于清代。行政管理部旧址（修齐堂），俗称上新屋，清咸丰五年（1855）由张华捷所建。三处建筑均属堂横式民居，平面格局为规整的矩形，以中部主座的前后两堂建筑为中心，中轴对称，布局严谨，两侧依次排布横屋，前置泮月池，后靠层级花台，立面采用青砖、青瓦，屋顶为硬山形制，两端瓦脊堆叠微微上翘，是典型的闽西客家乡土建筑。总占地面积约 7080 平方米，总建筑面积约 3941 平方米。

医院安置在几座砖木结构合院式客家民居内，医院按职能分为住院部、后勤部、行政管理部、医疗室、制药房、厨房、伤员活动处、伤员卫生知识普及地、宣传漫画园地等，另有操演场及红军墓地等重要遗迹。主体建筑为二进三堂加辅房的合院式建筑，由门楼、围墙、内禾坪、下堂、天井、厢房、上堂、护厝等组成，主体建筑为穿斗式结构悬山顶。院内目前还保留着 26 幅标语和漫画。

住院部旧址（惠日堂）坐北朝南，四面山墙合围，平面呈规整的矩形。建筑由前坪、主座建筑、左右各一列横屋组成。主座建筑由院埕、前堂、天井及左右厢房、后堂组成，占地面积约 1300 平方米，建筑面积约 890.6 平方米。

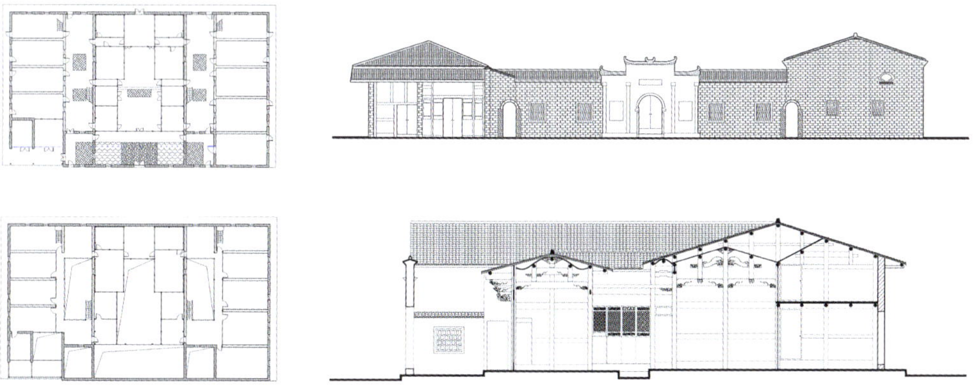

惠日堂测绘图

惠日堂垂直鸟瞰

惠日堂鸟瞰

惠日堂入口门楼

惠日堂侧立面透视

惠日堂内院景观

惠日堂墙面漏窗

惠日堂护厝二层走廊

惠日堂护厝天井

惠日堂大厅

修齐堂前院全景

陈塘红军第四医院行政管理部旧址（修齐堂）

修齐堂始建于清咸丰五年（1855）。建筑坐东北朝西南，平面呈不规则的曲尺形，通面阔近 60 米，进深 40 余米。中轴线上依次为泮月池、前坪、门楼、门厅、正厅、后花台及左右各两排横屋。门楼重檐硬山顶，石质门额上刻“爽挹西门”。大门正中屋脊上立圆形镂空雕饰，门口设抱厦。修齐堂曾于 1933 年作为红军第四医院行政管理部。

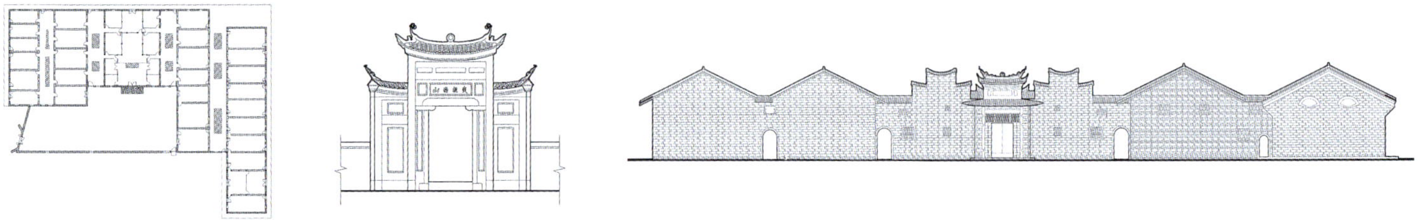

修齐堂测绘图

齐堂主厝垂直鸟瞰

修齐堂垂直鸟瞰

修齐堂护厝正立面

修齐堂护厝侧立面

修齐堂全景鸟瞰

修齐堂入口门楼

修齐堂山墙

修齐堂侧立面

修齐堂护厝天井一

修齐堂护厝天井二

修齐堂护厝透视

修齐堂护厝组图

修齐堂护厝侧立面

修齐堂护厝天井三

修齐堂护厝天井组图

修齐堂正厅

陈塘红军第四医院后勤部旧址（新厝里）

陈塘红军第四医院后勤部旧址（新厝里）始建于清代，坐东北朝西南。四面青砖空斗墙围合，平面呈“凹”字形。由方形泮月池、前坪、主座建筑、左右各一列横屋组成。主座建筑由前堂、天井及左右厢房、后堂、倒槽厅组成。占地面积约 1450 平方米，建筑面积约 590.1 平方米。

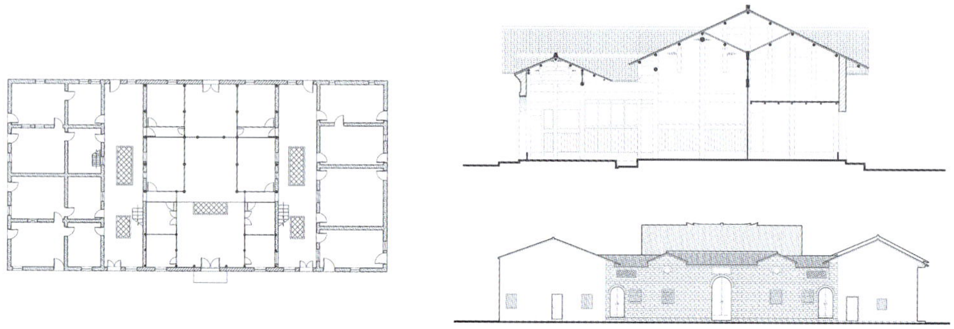

新厝里测绘图

新厝里垂直鸟瞰

新厝里边门

新厝里正面

新厝里近景鸟瞰

新厝里护厝天井组图

新厝里正厅

新厝里正立面局部

下曹村安俊公厅厦正面图

红一军团驻地暨红军北上抗日先遣队司令部旧址（安俊公厅厦）

坑头安俊公厅厦位于宁化县曹坊镇下曹村坑头片 24、25 号。属清代宅第类建筑，平面呈不规则方形带“凸”状，为二进三堂外加辅属建筑的合院式建筑。共九井十三厅，坐东北朝西南，通面阔 36 米，通进深 34 米，总面积 1224 平方米，由大门、门厅、余坪、二进大门、下厅、前天井、上厅、后堂、后天井、三进天井、楼厅、后化胎及左侧两列、右侧一列横屋等部分组成。主体建筑面阔三间，进深五柱，为抬梁穿斗混合式结构。四柱三门牌楼式“八”字开大门，后堂为“八”字形楼厅，二、三进厅之间以牌楼式照壁隔开。主座两侧开便门通往两侧横屋，左右横屋与主座间以小天井隔开。既是古建筑，又是革命旧址，曾为红一军团驻地红军抗日先遣队指挥部。坑头安俊公厅厦既对研究客家村落民居、民风、民俗和时代建筑工艺有较好的历史价值，又为研究当年宁化红军北上抗日提供了珍贵的实物佐证材料。

安俊公厅厦鸟瞰组图

安俊公厅厦内院正门

安俊公厅厦内院组图一

安俊公厅厦内院组图二

安俊公厅厦天井组图

安俊公厅厦第一进堂屋组图

立人公厅厦垂直鸟瞰

红一军团军需仓库旧址（立人公厅厦）

下曹立人公厅厦，位于宁化县曹坊镇下曹村刀石边，属清代宅第类建筑，是带风火墙三进四堂砖木结构合院式建筑。平面呈不规则方、梯形布局，坐西北朝东南，通面阔 40 米，通进深 30 米，总面积 1200 平方米。中轴线上依次为大门、下厅、一进天井、前厅、后厅、二进天井、三进照壁厅，主厅面阔三间，进深七柱，穿斗式结构，悬山顶。始建于清道光三年（1823），之后几经维修。大门为歇山顶“八”字形大门，二进天井与三进天井以四柱三间三楼牌楼式照壁隔开。三进照壁厅亦为“八”字形楼厅。下堂为抬梁式结构，下厅上设卷棚轩顶装饰。天井两侧直至下堂的厢房为八扇隔廊，显得独特。地面以青砖横竖铺设。该建筑用材大，举架高，规模大，在宁化县范围内少见。曾作为红一军团军需仓库使用。

立人公厅厦门廊

保护文物
严禁烟火
红一九军团军需仓库旧址

立人公厅厦立面局部

立人公厅厦正厅山墙

立人公厅厦第一进天井组图

立人公厅厦后天井照壁

立人公厅厦护厝天井组图

立人公厅厦主厝山墙

立人公厅厦后天井

曹氏家庙内院正面

宁化西南五乡（曹坊）农民武装暴动指挥部旧址（上曹曹氏家庙）

上曹曹氏家庙，又名“榆林祠”，位于宁化县曹坊镇上曹村榆林坝，属清代祠堂类建筑。平面呈不规则方形圆角，坐西北朝东南，通面阔 28.83 米，通进深 34.44 米，占地面积 3000 平方米，建筑面积 1261 平方米。中轴线上依次有坪、大门、下厅、天井、正厅带前廊、后花园等。大门为牌楼式，称为五峰楼，重檐歇山顶。正厅面阔五间，进深八柱带前廊，抬梁穿斗式木构架，祖祠两侧有厢房，整体建筑为带风火墙硬山顶砖木结构。始建于清乾隆五年（1740）三月，曾作为宁化西南五乡（曹坊）农民武装暴动指挥部使用，1948 年对祠堂进行全面维修，1956 年被政府征用作粮站，部分结构被破坏，如连环翠桥、石狮、石鼓。1989 年先后集资 15 万元，对祖堂进行全面整修，重塑神龛、神主牌、石狮、石鼓，现基本恢复原貌。

曹氏家庙鸟瞰组图

寧化西南五鄉農民武裝暴動舊址

曹氏家庙正厅

進士
念祖
源遠流長
敦宗睦族
追
宁化县曹坊上曹概况

曹氏家庙内院门楼透视

曹氏家庙天井组图一

曹氏家庙正厅侧面

曹氏家庙天井透视

曹氏家庙天井组图二

城关红军医院旧址暨朱德旧居（小溪谢氏家庙）

宁化城关红军医院旧址位于宁化县上进路薛家坊谢氏家庙，朱德同志在宁化期间曾在此居住过，属近现代重要事件机构旧址。此为一进合院式硬山顶砖木结构建筑，坐西南向东北。中轴线上依次建有游坪、门楼、下堂、天井、上廊、上堂、后堂、化胎、后围墙，天井两侧为边廊。上堂面阔三间，进深六柱，为抬梁穿斗混合式结构减中柱造。门楼为重檐歇山顶，四跳如意斗栱上覆盖屋架，“八”字开大门，门额上有精美人物、花卉等木雕，上堂设卷棚轩顶，为草架。堂右侧为“襄功堂”，“襄功堂”中轴线上依次为围墙、游坪、大门、下厅、天井、前檐、上厅、天井左右为边廊。上厅面阔三间，进深四柱，抬梁穿斗混合式结构。始建于清康熙五十一年（1712），1933年9月至1934年9月苏维埃临时政府在此设立红军医院，2007年维修。

谢氏家庙垂直鸟瞰

谢氏家庙鸟瞰

谢氏家庙正面

谢氏家庙侧面组图

谢氏家庙入口门楼

谢氏家庙天井透视一

谢氏家庙天井透视二

谢氏家庙屋面细部

谢氏家庙天井透视三

寶樹堂
宁化县谢氏2019年工作总结暨迎新春座谈会
渭水長流
椿萱永茂

敬湖公祠入口门楼

红军北上抗日先遣队宿营地旧址（敬湖公祠）

下曹敬湖公祠，位于宁化县曹坊镇下曹村西南 30 米处，属清代砖木结构风火墙合院式祠堂类建筑，曾作为红军北上抗日先遣队宿营地使用。坐东南朝西北，通面阔 30 米，通进深 30 米，总面积 900 平方米。中轴线上依次为大门、下廊、戏台、天井、前廊、上厅。主体建筑面阔三间，进深四柱，为抬梁穿斗混合式结构，悬山顶。始建于清光绪元年（1875），清代至今多次修复。大门为六柱五楼“八”字开，门前石狮、抱鼓石各一对。天井、戏台两侧为边廊，天井中有甬道连接上厅与戏台，戏台为重檐歇山顶木构，戏台上有如意斗栱出三跳承托八角形藻井。上厅明间设带花罩“八”字形神龛，供奉先祖牌位，上悬“世德堂”牌匾，左右次间亦为配龛。前廊有双拱卷棚轩顶天花装饰。主座右侧有横屋一列。祠堂带戏台是客家祠堂类建筑的一大特色，为研究客家传统建筑提供了实物资料。

敬湖公祠鸟瞰

敬湖公祠垂直鸟瞰

敬湖公祠护厝山墙组图

敬湖公祠天井组图

敬湖公祠正厅

敬湖公祠戏台

敬祖奉宗
功德永垂
名昭梓里

三世大夫
诰封从五品奉直大夫

泰宇公厅厦垂直鸟瞰

泰宇公厅厦前院透视一

泰宇公厅厦前院透视二

泰宇公厅厦门廊透视

红十二军驻地旧址（泰宇公厅厦）

下曹泰宇公厅厦，又名“漆厅厦”，位于宁化县曹坊镇下曹村东北约100米，刀石边6、7号，属清代风火墙硬山顶二进式合院宅第类建筑，是红十二军驻地旧址。坐东南朝西北，通面阔36米，通进深51米，总面积1838平方米。中轴线上依次为大门、余坪、门厅、中厅、前天井、上厅、二进照壁厅、后天井。主厅面阔三间，进深六柱，穿斗式木构，为单檐悬山顶。大门为重檐歇山顶，四柱三间三楼牌楼式，两侧带“八”字形影壁，中厅上有卷棚轩顶装饰，左次间设门通往二进照壁厅，照壁厅为“八”字形楼厅。主座右侧有横屋一列，二进厅后有横屋二列。始建于清嘉庆十七年（1812）。1963—1966年“社会主义教育运动”期间，曾作为本村食堂使用。该建筑结构完整，梁架稳定，各厅地面均用青砖横竖铺砌，雀替、驼墩、梁枋斗栱，雕刻精美，天井及余坪中甬道为鹅卵石铺砌。墙上有许多毛主席语录，现已无人居住，中厅檐柱上有火烧痕迹，厅内隔扇窗雕被盗，右侧横屋已改建。曾为红十二军驻地。

泰宇公厅厦前院门楼

泰宇公厅厦天井组图

泰宇公厅厦前院侧面

泰宇公厅厦正厅

宁化县第一次工农兵代表大会旧址（刘氏家庙）

宁化县第一次工农兵代表大会暨中共宁化县委、宁化县苏维埃政府旧址原为刘氏后裔家庙，占地面积1342平方米，清代所建客家古建筑。带风火墙硬山顶砖木结构，围墙局部损坏改为砖混结构，整体建筑保存较好。2008年内设淮土革命历史陈列室，陈列淮土革命历史，上厅右壁挂有一幅会场场景油画。

刘氏家庙垂直鸟瞰

刘氏家庙鸟瞰

刘氏家庙正面

刘氏家庙侧面透视

刘氏家庙后院立面

刘氏家庙前院门楼局部

刘氏家庙前院正面

刘氏家庙前院门楼透视

刘氏家庙室内局部组图

刘氏家庙天井组图

下曹赤卫队队部旧址（九龙寺）

下曹九龙寺，位于宁化县曹坊镇下曹村西南约 200 米，属清代砖木结构带风火墙单进两堂布局寺观类建筑，平面呈方形。坐东向西，通面阔 13 米，通进深 18.2 米，总面积 236.6 平方米。中轴线上依次为下殿、天井、正殿。主座两侧为伙房、厢房等附属建筑。下殿面阔三间，进深二柱，供奉正中门神，左右供 24 位菩萨等。正殿面阔三间，进深三柱，明间为抬梁减中柱造，供奉三宝大佛、文殊、普贤、观音、地藏王、伽蓝、弥勒佛等。始建于明代武宗年间（1506—1521），为木构庙宇，清雍正十二年（1734）重建，改为砖木结构，现保存较好，梁架结构稳定。大门开在下殿右侧，朝北开，为六柱五间五楼牌楼式“八”字门，门楣上有彩色灰塑装饰。系下曹赤卫队队部旧址。

九龙寺入口透视

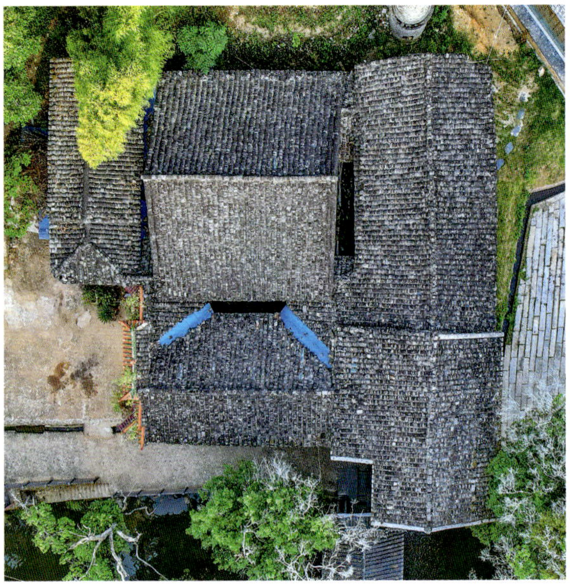

九龙寺垂直鸟瞰

九龙寺护厝

九龙寺护厝立面

九龙寺门楼正面

九龙寺护厝入口

九龙寺护厝天井一

九龙寺天井

九龙寺护厝外墙

九龙寺护厝

九龙寺护厝天井二

九龙寺外墙漏窗

红军街入口门楼

红军街垂直鸟瞰

红军街近景鸟瞰

红军街街道组图

凤凰山红军长征出发地旧址群

凤凰山中央红军长征出发地核心展示园，位于宁化县淮土镇凤山村凤山街，是省、市爱国主义教育基地，游客可由“红军万岁”门楼起始，依次参观十余处红色遗址遗迹。1929 年 3 月 9 日，毛泽东、朱德率领红四军从江西入宁途经凤山村凤凰山安营扎寨。1931 年，罗炳辉、谭震林率领红十二军一零一团组织农民协会，并在此成立革命委员会。同年 10 月 9 日，红四军第十师二十九团团长彭雄、团政委唐由率领部队进驻凤凰山，在红军的支持下，成立过乡苏维埃政府。

红军街近景鸟瞰组图

五通庙正面

五通庙侧面透视一

五通庙鸟瞰组图

五通庙内部梁架

五通庙侧面透视二

五通庙内部透视一

五通庙内部透视二

红军看病所正面

红军看病所垂直鸟瞰

红军看病所鸟瞰

红军看病所天井侧面

红军看病所天井组图

王宅鸟瞰组图

王宅外立面组图一

王宅外立面组图二

石碧红军独立第七师“红军医院”（张氏家庙）

张氏家庙，亦称“石壁下祠”“张茂甫公祠”，坐落于宁化县石壁镇石碧村井下窝原凉伞树旁。郡号为“清河郡”，堂号是“追远堂”，始建于清顺治元年（1644），为木结构一进两堂宗祠。坐西南向东北，平面呈“凸”字形，通面阔 42.3 米，通进深 32.9 米，面积 1392 平方米。中轴线上由东北向西南依次建有围墙、前埕、门楼、下堂、天井、边廊、正堂及两侧横屋等。主体建筑面阔五间，进深五柱，为抬梁穿斗混合式结构，悬山顶。大门“八”字开，四柱三间三楼式，檐下覆以四层如意斗栱，上堂明间悬“追远堂”匾。前坪右侧尚存完整之右旗杆一根，底部刻字，为咸丰己未年（1859）所立。前围墙左右石门柱及抱鼓石亦保存完好。该祠曾在 1933 年作为红军独立第七师红军医院使用，2011 年被列入县级文物保护单位。

张氏家庙鸟瞰

张氏家庙护厝山墙

张氏家庙正面

张氏家庙室内局部组图

张氏家庙门楼局部组图

張氏家廟
張氏家廟

張氏家廟

张氏家庙上祠全景鸟瞰

张氏家庙上祠正面

张氏家庙上祠垂直鸟瞰

张氏家庙上祠石碑

张氏家庙上祠牌匾

张氏家庙上祠正厅局部组图

张氏家庙上祠正厅

红军独立第七师第二团驻地旧址（石壁张氏家庙上祠）

石壁张氏家庙上祠，位于宁化县石壁镇石碧村口南约 200 米，坐西南朝东北。平面呈不规则横向长方形，中轴线上由东北向西南依次建有围墙、门埕、门楼、下堂、天井、边廊、正堂及两侧横屋等。面阔 39.2 米，进深 23.7 米，面积 930 平方米。始建于清康熙五十三年（1714）。主体建筑面阔五间，进深五柱，为“八”字开大门，四楼三间三楼式，檐下饰三层如意斗栱出挑，下堂做门廊形式，人字形轩顶。抬梁穿斗混合式结构，悬山顶。前廊为卷棚轩顶，明间悬“敦本堂”匾。神龛供奉张氏肇基以来各世祖神牌位。前埕右侧尚存方形及八角形旗杆底部各一支。曾为红军独立第七师第二团驻地。

庆祝石壁张氏家庙十一修族谱发谱典礼
张氏家庙(上祠)

庆祝石壁张氏家庙十一修族谱发谱典礼
户部主事

廷玉公厅厦入口门楼

廷玉公厅厦垂直鸟瞰

廷玉公厅厦护厝立面

廷玉公厅厦护厝天井组图一

红色夜校旧址（廷玉公厅厦）

下曹廷玉公厅厦，位于宁化县曹坊镇下曹村学堂边 21 号，属清代宅第类建筑，是风火墙硬山顶二进式合院。平面呈不规则方形，不对称布局。坐东南朝西北，通面阔 34 米，通进深 39 米，总面积 1326 平方米。中轴线上依次为门楼、门厅、一进天井、大门、下厅、二进天井、主厅、后堂、后天井。主体建筑面阔三间，进深六柱，为抬梁穿斗混合式结构，悬山顶。始建于清嘉庆年间（1796—1820），清道光二十五年（1845）重修并扩建，曾为清代著名书法家伊秉绶办学教书的学堂。门楼为四柱三楼牌楼式，门厅两侧各有二间厢房。一进天井两侧为廊、中间有甬道，二进天井两侧为东西厅，东厅内有天井、照壁，后天井两侧为厢房。下厅上有卷棚轩顶装饰，后堂为“八”字形楼厅，主座左右两侧各有横屋一列，共九井十八厅。各厅地面由青砖铺设，天井以长条花岗岩石围砌。墙面青砖上烧制有“树堂”字样。曾为红色夜校。

廷玉公厅厦护厝天井组图二

廷玉公厅厦前院透视一

廷玉公厅厦堂屋

廷玉公厅厦后天井照壁

廷玉公厅厦前院透视二

廷玉公厅厦天井

杨冈公祠垂直鸟瞰

红四军驻地旧址（杨冈公祠）

下曹杨冈公祠，位于宁化县曹坊镇下曹村西北约 200 米，属清代祠堂类建筑，是砖木结构一进两堂合院式建筑。平面呈横向长方形。坐东北朝西南，通面阔 16 米，通进深 35 米，总面积 560 平方米。中轴线上依次为余坪、大门、门廊、戏台、天井、前廊、上厅、后化胎。主体建筑面阔五间，进深九柱带前廊后檐，为抬梁穿斗混合式木结构，悬山顶。始建于道光八年（1828），后历代修葺。天井、戏台两侧为边廊，戏台为重檐歇山顶木构，明间设带天花装饰四方形藻井。天井为鹅卵石铺设，中间有花岗岩长条石铺砌的甬道连接戏台与前廊。门廊上有二层天花，前廊为双拱卷棚轩顶装饰。上厅明间设神龛，供奉先祖牌位，上悬“惠时堂”牌匾。大门为重檐歇山顶，有檐柱，门前有抱鼓石、石狮各一对。 该祠堂带戏台是研究客家祠堂种类的最佳资料。曾为红四军驻地。

杨冈公祠正面

杨冈公祠全景鸟瞰

杨冈公祠戏台

杨冈公祠正厅

宁化县苏维埃政府保卫局旧址（豫章书院）

豫章书院，位于小溪村小溪边 131 号，属清代学堂书院类建筑。坐西北朝东南，通面阔 26.71 米，通进深 47.82 米，总面积 1277 平方米，中轴线上由东南向东北依次为晒坪、台阶、门廊、大门、下厅、天井、正厅、后院、花台等。大门为重檐歇山顶牌楼式“八”字门楼，设檐柱 2 根。主堂面阔三间，进深六柱，明间减柱造，硬山顶，穿斗式木构。始建于明永乐年间（1403—1424），几经修葺，清乾隆年间（1736—1795）集书院与家庙为一体。设有神龛，供奉祖先牌位。地面用青砖横竖铺设，书院内梁柱粗大，八角形海棠纹石础、鼓形石质多为明代造物。至今书院内仍保留有明成化二十年（1484）《宁阳罗氏祭祖记碑》、清康熙四十一年（1702）《重建罗氏祠显角堂碑记》以及清道光六年《重修小河祠堂碑记》等石碑 3 通，是研究闽西客家宗族办学的实物资料。 1932 年冬中共闽赣省委在此设立宁化县苏维埃政府保卫局。

豫章书院入口门楼

豫章书院鸟瞰组图

豫章书院前院门楼组图

豫章书院天井一

豫章书院天井二

彭湃县苏维埃政府旧址（陈氏宗祠）

陈氏宗祠，亦称德昌公祠，坐落于宁化县湖村镇巫坊村陈家弄。郡号为“颍川”，堂号是“思远堂”。始建于明崇祯年间（1628—1644），经过4次维修，保留至今，为坐东朝西向。共修族谱2次，首次修的时间为清康熙年间，近期修的时间是1984年。奉陈德昌为始祖，裔孙男丁已达566个。新中国成立初期作农会会所使用，之前曾作中央苏维埃彭湃县驻地。1933年7月，东方军入闽作战取得泉上土堡战斗胜利，解放了宁化东北片。为加强党对新区的统一领导，1933年7月，中华苏维埃共和国临时中央政府46次会议决定增设彭湃县，并成立中共彭湃县委、彭湃县苏维埃政府，下设内务部、财政部、粮食部等多个工作部门。县苏维埃政府先期设在巫坊区巫坊乡（今宁化县湖村镇巫坊村）陈氏宗祠，后迁驻安远区安远乡原国民党安远区公所。虽然历史短暂，但彭湃县是闽赣省后期革命指挥中心，是坚守时间最长的革命根据地之一，贡献巨大。

陈氏宗祠鸟瞰组图

陈氏宗祠山墙

陈氏宗祠入口

陈氏宗祠正厅

陈氏宗祠前院门廊

陈氏宗祠天井组图

陈氏宗祠正厅局部

风车庙正面

风车庙鸟瞰组图

风车庙正厅侧面

风车庙天井透视

中共三黄村党支部旧址（风车庙）

宁化县第一个农村党支部旧址原为风车庙，坐东南朝西北，平面呈长方形，通面阔 17 米，通进深 28 米。中轴线上依次为大门、下厅、一进天井、正厅、后厅、二进天井等。正厅面阔五间，进深四柱带前廊，抬梁穿斗式梁架，悬山顶。1929 年 8 月下旬，宁化县第一个农村党支部，中共三黄支部在此成立，并开展一系列革命实践活动。

风车庙侧面

庙前厅侧面

风车庙正厅正面

风车庙天井组图

彭雪枫旧居鸟瞰

彭雪枫旧居畔池正面

泉上土堡战斗延祥阻击战指挥部旧址暨彭雪枫旧居

泉上土堡战斗延祥阻击战指挥部旧址为清晚期民居类建筑，坐西北朝东南，平面布局呈长方形，由泮池、晒坪、门廊、天井、轩廊、正厅、横屋等组成。1933 年 7 月，红三军团第四师及新编独七师奉命延祥设伏阻敌增援，指挥部设于该民居内，红三军团第四师政委彭雪枫就宿于指挥部。

彭雪枫旧居正面

彭雪枫旧居畔池边透视

彭雪枫旧居局部透视组图

彭雪枫旧居厢房

彭雪枫旧居护厝天井

彭雪枫旧居正厅

懷德堂
歲歲平安大發財
財神到家好運來

扩红指挥部旧址全景鸟瞰

扩红指挥部旧址垂直鸟瞰

扩红指挥部旧址侧面

扩红指挥部旧址正面

凤凰山红四军驻地暨扩红指挥部旧址

凤凰山红四军驻地暨扩红指挥部旧址，位于淮土镇凤山村岭背屋，始建于清，坐东朝西，由前坪、大门、下廊、天井、正堂、后挡墙等组成。下廊抬梁式架构，两面坡悬山顶。正堂面阔三间，进深三柱，悬山顶，穿斗抬梁混合式梁架结构。

1931 年，凤凰山乡苏维埃政府成立后，当地民居积极响应中央和省委关于扩大红军的号召，在岭背屋香火堂设立扩红指挥部，并在松竹居、列宁小学等场所开展宣传动员，号召全体青壮年参加红军，经过动员，青壮年纷纷报名参军。现该旧址是王氏后裔举行族祭活动的宗祠。

扩红指挥部旧址天井组图

珠樹聯榮

進士

林彪旧居垂直鸟瞰

林彪旧居侧面透视

林彪旧居正面

红一军团驻地旧址暨林彪旧居

红一军团驻地旧址暨林彪旧居位于宁化县曹坊镇下曹村，属清代民居类建筑，坐西北朝东南，平面呈长方形，由晒坪、下厅、天井、正厅、楼厅等组成。

1930 年 6 月 23 日，红四军奉命进驻宁化驰援西南半县农民武装暴动，十一师军需处设于下曹安祥公厅厦。1934 年 8 月 23 日，林彪、聂荣臻奉命率红一军团集结于宁化曹坊的上、下曹一带，阻击国民党“围剿”东路军李延年部，林彪住安祥公厅厦。

彭旧居天井组图

林彪旧居天井门楼

林彪旧居天井组图

毛泽东旧居正面

毛泽东旧居垂直鸟瞰

毛泽东旧居鸟瞰一

宁化毛泽东旧居暨东方军泉上土堡战役纪念馆

宁化毛泽东旧居暨东方军泉上土堡战役纪念馆，始建于 2018 年 8 月，现有房屋主体、古戏台、门楼等近 3000 平方米。开设泉上革命史料展，收集并陈设展示了当年红军用过的军号、《列宁小学读本》、土枪土炮、药箱等老物件，以及经复原的红军标语。

1930 年 1 月 16 日，古田会议后，毛泽东率领红四军第二纵队从连城经清流、明溪到达泉上，

毛泽东旧居鸟瞰二

组织部队攻打泉上土堡，活捉土豪劣绅和伪军家属，召开公判大会。随后深入群众中开展调研，从事革命宣传及扩红宣传活动，并留宿泉上。1933 年 8 月 16 日，东方军取得入闽首战——泉上土堡战役胜利后，中华苏维埃共和国临时中央政府第 48 次会议决定增设泉上县，把属于彭湃县管辖的泉上、店上、巫坊等区乡划归泉上县，属宁化县内三个县级苏维埃政权之一。

毛泽东旧居整体鸟瞰

毛泽东旧居入口门楼

毛泽东旧居院墙大门

毛泽东旧居戏台

毛泽东旧居鸟瞰组图

毛泽东旧居后天井照壁

西侧小院正厅

西侧小院前院

毛泽东旧居护厝天井组图

毛泽东旧居正厅

毛泽东旧居护厝梁架

毛泽东旧居护厝天井

大王乡苏维埃政府暨少共国际师驻地旧址（王氏家庙）

王氏家庙，位于淮土镇大王村下片 68 号，始建于清代，坐东朝西，由围墙、前院、门楼、下廊、天井、正堂、后围墙等组成。门楼四柱三间三楼牌楼式，内退“八”字形，重檐庑殿顶。下廊抬梁式架构，正堂面阔三间，进深五柱，硬山顶，穿斗抬梁混合式梁架结构。

第四次反“围剿”期间，1933 年 2 月，中共苏区中央政府提出“在全中国各苏区创造一百万铁的红军”口号，提议在中央苏区创建一个“少共国际师”。8 月 5 日，少共国际师在江西博生县（今宁都县）跑马场隆重授旗成立。8 月 7 日，红一方面军总政治委员周恩来发出《关于八月作战部署等问题致中央局电》中提出“…… 少共国际师应于十日后开至宁化训练”。少共国际师随后奉命开到与石城交界的宁化大王乡训练，驻扎在王氏宗祠、王氏家庙、月升公堂等处。

王氏家庙前院正面

王氏家庙鸟瞰组图

王氏家庙侧面

王氏家庙门楼局部

曹坊秘密农会旧址（曹氏宗祠）

曹氏宗祠，位于曹坊镇上曹村，始建于 1739 年，建筑面积 1223.5 平方米，是一座建造于清代的坛庙祠堂，目前保存完好。建筑为单层建筑，坐北朝南；建筑格局为合院式，二进，五间十一架；建筑构造为混合式的砖木结构。曹氏宗祠于 1993 年重修八甲祠神主，1997 年修建敬睦堂，2007 年进行修缮。曾为曹坊秘密农会。

曹氏宗祠鸟瞰组图

曹氏宗祠正面

曹氏宗祠正厅

曹氏宗祠天井组图

曹氏宗祠天井

曹氏宗祠正厅侧面

溪背 98 号、99 号垂直鸟瞰

溪背 98 号入口门楼

溪背 98 号天井组图

红九军团后方机关驻地旧址（溪背 98 号、99 号）

红九军团后方机关驻地旧址位于宁化县曹坊镇上曹村溪背 98 号、99 号曹氏祖屋，始建于清乾隆年间（1736—1795）。登仞公祖厅（98 号）占地面积约 1200 平方米，登杰公祖厅（99 号）占地面积 1800 平方米，为县级文物保护单位。1934 年 8 月下旬，红九军团完成护送抗日先遣队任务后，归红一军团统一指挥，参加温坊、松毛岭战斗。温坊战斗胜利结束后，红一军团奉命支援兴国，红九军团主力奉命参加松毛岭战斗，后方机关驻扎于此。

溪背 98 号正面

溪背 98 号正厅

98

黄氏宗祠鸟瞰

红十二军 34 师师部驻地旧址（沙墩下黄氏宗祠）

沙墩下黄氏宗祠，位于宁化县淮土乡桥头沙墩下 12 号隔壁，属清代祠堂类建筑。坐西朝东，平面呈不规则长方形，通面阔 20.34 米，通进深 36.85 米，面积 750 平方米。中轴线上由东向西依次建有山门、坪、大门、下厅、天井、上厅、后堂、照壁天井等。大门为重檐歇山顶牌楼式，“八”字开，门楼有彩绘堆塑人物、动物图案等，设四根木质檐柱。下廊上方用三拱卷棚轩做天花装饰。正厅面阔五间，进深五柱带回廊，为抬梁穿斗混合结构，悬山顶。明间设有神龛位及落地花罩，供奉祖先牌位。左右厢房有二层结构，地面以青砖交错铺设，主厝右侧横屋一列，整体建筑为带风火墙硬山顶的砖木结构。祠堂始建于北宋元祐年间（1086—1094），经数次修复。曾为红十二军 34 师师部驻地。

黄氏宗祠正面

黄氏宗祠鸟瞰组图

黄氏宗祠门楼局部组图

巫坊红军医院旧址（少唐公祠）

巫坊红军医院旧址，位于宁化县湖村镇巫坊村陈氏宗祠——少唐公祠内，属近现代重要历史事件旧址，是一进式砖木混合结构的建筑。坐东南朝西北，平面呈长方形，通面阔 19 米，通进深 26 米，占地面积 1150 平方米，建筑面积约 494 平方米。主体建筑面阔三间，进深五柱，为抬梁穿斗混合结构、单檐硬山顶。厅堂柱子用材硕大，柱子底部有八角石质柱础垫支。正厅前廊有卷棚式天花装饰。大门上方有“少唐公祠”楷书大字，门口处辟有一个半月池，面积约 50 平方米。该公祠建于清代中期，1933 年，中国工农红军在宁化湖村一带开辟根据地，红军在此设立医院，搭建简易病床，医院设此长达两年多时间。

少唐公祠正面

少唐公祠鸟瞰组图

少唐公祠侧面

少唐公祠走廊

少唐公祠

少唐公祠院墙漏窗

少唐公祠前院入口门楼

少唐公祠正厅

少唐公祠天井二

三官庙鸟瞰组图

三官庙牌楼局部

三官庙鸟瞰

三官庙天井一

三官庙门楼组图

宁化县第一个党团混合小组活动旧址（三官庙）

宁化县第一个党团混合小组活动旧址，位于宁化县翠江镇双虹村城西路 72 号三官庙内，属近现代重大历史事件和重要机构旧址。坐北朝南，平面呈“凸”字形，通面阔 32.55 米，通进深 45.27 米，总面积 1474 平方米。中轴线上由南向北依次建有大门、下廊、天井、正厅，正殿面阔三间，进深四柱带回廊，为抬梁穿斗混合砖木结构、硬山顶。回廊两侧中位各一小门，左门外通厨房、膳厅、库房、宿舍等。1984 年版的《宁化县志》记载，三官庙始建于清康熙年间（1662—1722），是道教祭祀场所，既祭祀天官、地官、水官，也供奉释迦牟尼佛、观音菩萨、地藏菩萨等，佛道共存，同时含有客家建筑特色。1929 年 8 月，宁化县第一个党团混合小组在宁化县第一位共产党员徐赤生的组织下在宁化连岗中学秘密成立，并时常在三官庙内开展活动。

三官庙牌楼

三官庙前院正面

三官庙天井二

闽赣省苏维埃政府机关旧址院落正面

闽赣省苏维埃政府机关旧址鸟瞰组图

闽赣省苏维埃政府机关旧址

闽赣省苏维埃政府机关旧址位于宁化县安远乡里坑村里坑。始建于清代，该建筑坐西北朝东南，由主落、扶厝、谷仓等组成，其中东北扶厝为二层建筑，屋面为歇山顶，其余均为一层建筑，屋面为悬山顶，总建筑面积为908.88平方米。主落面阔三间，进深五柱，明间为正堂，次间及梢间为厢房。正堂面阔4.52米，为穿斗式木构架，次间面阔3.09米，进深5.45米。正堂地面铺设三合土，两侧厢房局部做地垄木板地面，整体建双坡屋面，屋面铺设青瓦，叠瓦脊。西南侧扶厝面阔12.97米，进深7.24米，主要由墙承桁条，悬山顶屋面，内部设有吊顶。东北侧扶厝面阔11.86米，进深7.52米，为二层建筑，屋面为歇山顶，二层四面设置廊道通行。

1934年6月，由中共闽赣省委书记、闽赣省苏维埃政府主席、闽赣军

省苏维埃政府机关
院落入口小道

闽赣省苏维埃政府机关旧址院落侧立面

闽赣省苏维埃政府机关旧址会议厅入口

闽赣省苏维埃政府机关旧址室内

区司令员兼政委邵式平率机关从建宁县伊家区都上乡（今建宁县伊家乡都上村）迁驻彭湃县安远区里坑乡（今宁化县安远乡里坑村），闽赣省苏维埃政府机关设于王国志、王国安兄弟祖屋。同年 8 月，闽赣省苏维埃政府机关分别迁驻宁化县城、泉上、彭湃，1935 年 3 月撤出宁化县境。在此期间，宁化苏区成为闽赣省苏维埃政府后期革命斗争活动中心。闽赣省苏维埃政府机关在迁驻宁化苏区期间，指挥所属红军部队及地方武装，在宁、清、归、建、泰一线阻击敌第八、第五十二、第八十、第八十八师共 4 个师的进攻，有力地掩护了中央红军主力的转移。

闽赣省军区司令部旧址

闽赣省军区司令部旧址位于宁化县安远乡里坑村里坑。始建于清代，该建筑坐北朝南，总建筑面积为612.23平方米。中轴线自南向北依次为下堂、天井、后堂，其中扶厝位于主落建筑的东侧。一进面阔五间，进深四柱。明间为下堂，次间、梢间为下堂间。正大门位于下堂的南面。地面均铺设青砖，穿斗式木构架，双坡屋面，屋面铺设青瓦，叠瓦脊。下堂往北为天井，天井面阔3.68米，进深1.29米，天井地面铺设青砖。天井东西两侧为过廊，面阔2.36米，进深6.3米。天井往北为二进。二进面阔五间，进深五柱。明间为上堂，次间为左一直、右一直，梢间为左二直、右二直。主落西侧为扶厝，扶厝与主落采用桥厅连接。扶厝共二层，面阔三间，进深三柱，一层地面铺设青砖，二层铺设木楼板，楼梯位于扶厝的北侧。

闽赣省军区司令部旧址鸟瞰组图

闽赣省军区司令部旧址局部

闽赣省军区司令部旧址局部院落入口

闽赣省军区司令部旧址院落组图

闽赣省军区司令部旧址正面

闽赣省军区司令部旧址侧面

德明寺鸟瞰

上曹村德明寺红色革命旧址

德明寺，位于曹坊上曹村东暗山寨，东去连城、三明等地，西往汀州、广东、江西，北上通往宁化、建宁、浙江等地。始建于乾隆元年（1736），砖木结构，上厅大雄宝殿三宝大佛，下厅建观音厅二十四位诸天佛像，门楼，左右护厝、厢房、厨房等，总占地面积 1000 多平方米。

德明寺垂直鸟瞰

德明寺入口门楼

德明寺前院

德明寺前院组图

德明寺正厅

下曹村聚落历史建筑群中心广场

三、传统民居

宁化县位于武夷山脉中段，属低山丘陵地貌，石壁一带是相对富庶之地。这里是中原汉人在唐末从江西鄱阳湖一带南迁入闽的第一站。这里地广人稀，拥有大片可供居住开发的荒坡丘陵。客家人为避战乱在此落脚，并休养生息数百年。

入闽的客家人以家族为单位，在山间谷地开疆拓土，由于山地资源匮乏，他们只能就地取材，以鹅卵石为基，夯土为墙，杉木为架，建房定居。早期的民居以土墙屋为主，用土坯砖（俗称“土砖格”）砌筑，或用夯土墙（俗称“舂墙”）建造，均以石块砌筑墙脚。土墙屋一般高两层。另有椿凿屋，即在杉木柱上凿孔，穿榫架梁，铺木楼板，依山傍水而居。在崎岖不平的山地丘陵，人们因地制宜建吊脚楼。在地势较平坦的平原地区，则采用砖木结构，外

围以青砖空斗墙围合，建高两层的风火屋。在经济较发达的地区，民居发展成规模较大的殿堂式四合院，平面中轴对称，建前后两个厅堂或建前、中、后三个厅。前厅在宁化地区俗称“下廊”或“下厅”，中厅俗称“上堂”，后厅又称“后堂”。三厅之间为天井，天井两侧为厢房，构成合院式主屋。主屋两侧建两排或四排横屋，又称“护厝”。主屋与横屋之间以回廊相通，宁化俗称“马槽”。横屋中设若干花厅，分成若干个小生活区，供子女分享，形成富有生活气息的护厝天井空间。

由于地处交通不便的山区，当地生产方式以农耕为主，商业欠发达，整体生活水平较低，因此规模较大的多重合院府邸式民居、五凤楼、围龙屋及土堡等在宁化地区十分罕见。

曹坊镇下曹村尔英公厅

尔英公厅位于曹坊镇下曹村井边弄红军井旁，砖木结构，建筑规模精致大气，保存完好，是当年红军活动的场所，现为陈树湘演讲陈列厅。

尔英公厅垂直鸟瞰

尔英公厅天井一

尔英公厅入口门廊

尔英公厅鸟瞰

尔英公厅正厅

尔英公厅天井二

南山下宁宅正面

水茜镇沿溪村南山下宁宅

南山下“朝阳映南山”宁宅，位于宁化县水茜镇沿溪村南山下，坐南朝北，平面呈不规则“凸”字形，通面阔 83.58 米，通进深 53.3 米，面积 4455 平方米。主轴线上由北向南依次建有扇形半月潭、龙舌、山门、晒坪、三级台阶、大门、下厅、天井、上厅、中堂、后院、围墙、化胎等。主体建筑中堂为抬梁穿斗混合式结构，硬山顶。山门为四柱三楼三间牌楼式，“八”字门，正上方墨书“朝阳映南山”。门廊顶上有单拱卷棚轩，两侧为茶厅、左右厢房。下厅上方有双拱卷棚轩顶，天井左右为带照壁东西厅。明间为太师壁，右次间设龛位，左次间为过道。次间及梢间均为厢房。地面以鹅卵石铺设，山面墙，左右风火墙造型错落有致，左右各有三列横屋。建筑整体规模大，举架相对大，形式较为独特，具有浓郁的客家风格。

南山下宁宅垂直鸟瞰

南山下宁宅入口

南山下宁宅前院漏窗

南山下宁宅横屋组图

南山下宁宅整体鸟瞰

南山下宁宅前院正面

南山下宁宅横屋天井组图

南山下宁宅横屋天井

南山下宁宅天井

南山下宁宅正厅

社背土堡垂直鸟瞰

社背土堡侧面局部

社背土堡正面

社背土堡侧面

城郊镇社背村社背土堡

社背土堡，又称“万青松土楼”，位于宁化县城郊镇社背村外村一相对独立的山岗上，属传统民居类建筑。坐东南朝西北，平面呈方形，通面阔22.6米，通进深29.1米，总面积800平方米。中轴线上依次为砖砌门脸、堡门、平顶门厅、中天井、主堂、扶楼等。主堂面阔五间，进深三柱，为穿斗式结构，悬山顶。就地取材用黄沙土生土夯筑，四面墙上均设有条形斗窗和射击孔，为防御、居住并重之堡。地面为三合土打制，天井两侧为扶楼，明间厅前设拐子花屏栏，主堂明间为上下贯通式，前檐设卷棚轩。次间、稍间、尽间，上下设住房、粮仓、储存间。二楼靠外墙处设跑马道，中天井靠门端设有石质圆井。

社背土堡鸟瞰一

社背土堡鸟瞰二

社背土堡院落一

社背土堡入口大门

社背土堡院落二

社背土堡院落三

社背土堡楼梯走道组图

杨鼎铭民居鸟瞰

泉上镇延祥村下村杨鼎铭民居

杨鼎铭民居位于泉上镇延祥村下村41号，属清代民居建筑。坐北朝南，现存建筑面积约2130平方米。建筑由下马坪、外坪、门廊、前院、主座、雨廊、马厩、横屋等组成，整体呈长方形布局。主座下廊扛梁跨度长达8米，东西两侧带偏厅。正厅开间明三暗五，分前厅后堂。上厅举高近7米。建筑平面布局严谨，梁间雕刻精细，地面铺装讲究，是县域内民居建筑的代表之作。

杨鼎铭民居建筑内部空间较大，在土地革命、“社会主义教育运动”、“文化大革命”、“农业学大寨”等历史时期都曾作为重要社会活动场所，历史遗存丰富，具有重要的历史、科学和艺术价值。

杨鼎铭民居垂直鸟瞰

杨鼎铭民居山墙组图

杨鼎铭民居院门组图

杨鼎铭民居横屋天井组图

杨鼎铭民居梁架

杨鼎铭民居木柱础

杨鼎铭民居入口

杨鼎铭民居正厅

杨鼎铭民居前院组图

方田乡朱王村曾氏祖屋

曾氏祖屋位于宁化县方田乡朱王村茶山组，于 1810 年建造，1984 年改建，占地面积 310 平方米，建筑面积 262 平方米，属砖木结构一层建筑，一落一进，门楣上有伊秉绶题写的“弄月吟风”四个大字，门前设置一口半月形池塘，香火厅后面是石砌花台。目前建筑挂牌为“曾氏香火厅”，每月初一、十五，周围及附近的曾氏族人都会在此点烛烧香，并将其作为清明节祭祀场所。

曾氏祖屋鸟瞰

曾氏祖屋垂直鸟瞰

曾氏祖屋正面

曾氏祖屋前院正面

曾氏祖屋侧面局部

曾氏祖屋前院侧面

曾氏祖屋正厅

曾氏祖屋天井

范氏民居垂直鸟瞰一

范氏民居立面大门

范氏民居前院正面大门

范氏民居入口门楼

范氏民居前院正面

治平畲族乡彭坊村范氏民居

范氏民居建筑历史悠久，周围环境优美，是当地土木结构建筑中保存较为完整的一栋。其特点鲜明，内部承重构件基本完好，结构形式结合了抬梁与穿斗的优点，维护结构部分损坏，木构件上的雕花依稀可见，应加以修缮维护。

范氏民居横屋天井组图

范氏民居入口大门

范氏民居正厅

范氏民居横屋天井一

范氏民居垂直鸟瞰二

范氏民居前院一

范氏民居鸟瞰

范氏民居前院二

范氏民居横屋天井二

范氏民居天井

宁化县城黄慎故居

黄慎故居，位于翠江镇红色巷4号，属清代宅第名人故居。坐西朝东，通面阔21.7米，通进深19.12米，总面积415平方米。故居为典型的客家多井多厅二进式，由东向西依次建有门厅、天井、照壁、主堂、厢房、后堂、厨房、书斋等。主堂面阔三间，进深三柱，为穿斗式结构、硬山顶。大门门厅正中设木质影壁，分左右两侧进入内厅。左侧有一贯通式的过厅，进深三柱，架梁上设阁楼，地面用长条砖横铺，厅内有依外墙建的小天井，天井内侧设隔间。天井靠中部设内廊通到后厅，后厅外有一后天井，天井两侧设数个隔间。后厅一侧设过道，天井两侧设月亮门、漏窗。前厅两侧设厢房，面阔三间，进深四柱，前厅天井地面为丹霞砂岩砌制而成。整体建筑为硬山顶砖木结构。

该建筑为黄慎祖屋，始建于清康雍之际，黄慎在此诞生，晚年在此居住。

黄慎故居垂直鸟瞰

黄慎故居入口大门

黄慎故居侧面

黄慎故居正厅

黄慎故居院门

黄慎故居前院照壁

黄慎故居后天井侧面

黄慎故居前院

黄慎故居局部梁架

黄慎故居后天井

黄慎故居天井

曹坊镇滑石村张新华故居

张新华故居位于曹坊镇滑石村，属清代民居类建筑。坐东朝西，由晒坪、大门、照壁、两进天井、前后厅及横屋等组成，占地面积约 460 平方米。张新华（1911—2003），曹坊镇滑石村药里迳人，1932 年参加中国工农红军，同年加入中国共产党。他参加过第四、第五次反"围剿"、二万五千里长征、抗日战争和解放战争。1955 年他被授予少将军衔，并荣获二级八一勋章和二级独立自由勋章、二级解放勋章、一级红星功勋荣誉章。

张新华故居垂直鸟瞰

张新华故居天井组图

张新华故居鸟瞰

张新华故居正面透视

张新华故居天井照壁

曹熙臣宅入口门廊

曹坊镇下曹村曹熙臣宅

曹熙臣宅位于曹坊镇下曹村，始建于清乾隆二十年，坐东南朝西北，建筑面积650余平方米。门前为余坪，“八”字形大门，有下厅、天井、正厅、后厅，保存完好。两侧为厢房，主体为砖木结构。入口门廊和大厅的虾弓梁颇具地域特色。

曹熙臣宅鸟瞰组图

曹熙臣宅正厅

曹熙臣宅厢房

曹熙臣宅天井组图

曹熙臣宅局部木构件

亦中公厅鸟瞰组图

亦中公厅大门

亦中公厅正厅

亦中公厅正面透视

曹坊镇下曹村亦中公厅

亦中公厅位于曹坊镇下曹村井边弄，为文人曹亦中所建，砖木结构，规模大，清代时在此办过私塾，后办过列宁小学。

亦中公厅侧面

亦中公厅门厅

亦中公厅天井

曹坊镇下曹村永魁公厅厦

下曹永魁公厅厦，位于宁化县曹坊镇下曹村山根下8号、11号。属清代宅第类建筑。为带风火墙的二进三堂合院式建筑，坐东南朝西北，通面阔25米，通进深35米，总面积875平方米。中轴线上依次为门楼、围墙、余坪、门廊、一进大门、下廊、一进天井、主厅、二进天井、二进厅。主厅面阔三间，进深五柱，为穿斗式结构、悬山顶。门楼开在余坪右侧并朝北，主厅四柱三间，“八”字开，门额墨书“东山拱秀”四字，额框周围饰以精美砖雕，一进天井两侧为东西厅，西厅为假厅。二进厅面阔四间，进深四柱，左右为二层结构，为抬梁穿斗混合式木构，右侧建一列横屋。

永魁公厅厦鸟瞰组图

永魁公厅厦入口门楼

永魁公厅厦前院正面

永魁公厅厦前院侧巷

永魁公厅厦鸟瞰

魁公厅厦横屋天井

永魁公厅厦天井

永魁公厅厦正厅

泉上镇延祥村下村孔坑杨先进祖屋

杨先进祖屋位于宁化县泉上镇延祥村孔坑 18 号，属清代宅第类建筑，坐北朝南，平面布局呈长方形，通面阔 11.44 米，通进深 30.12 米，总面积 345 平方米。由南向北依次建有前厅、一进天井、天井两侧厢房、上厅、二进天井、二进厅等。中堂面阔三间，进深三柱，为穿斗式木结构，悬山顶。雀替等部位雕花精美，外墙均用青砖围砌成风火墙。

杨先进祖屋垂直鸟瞰

杨先进祖屋山墙

杨先进祖屋侧面

杨先进祖屋透视

杨先进祖屋天井

杨先进祖屋正厅

杨先进祖屋局部梁架

杨先进祖屋局部门窗

杨先进祖屋后天井

宁化县城伊秉绶故居

伊秉绶故居，位于宁化县红卫村五星路18号，属宅第类名人故居。坐北朝南，平面呈长方形，通面阔21.4米，通进深15.1米，总面积323平方米。由左右两列房屋组成，左列由南至北依次为花厅、左右厢房、卧室和厨房。右列由南向北依次为前厅、后堂及前门厅。前门厅为穿斗式五架梁结构，面阔一间，进深三柱（其中靠外墙的架梁直接架在墙头处）。前天井照壁为三门五楼，砖结构、灰贴面。前厅面阔三间，进深三柱，为穿斗式结构，悬山顶。地面用长条砖“工”字形拼砌，前厅金柱间设太师壁，左侧设门及过道，门道右上方设双层神龛。花厅依外墙天井，面阔三间，进深三柱，为穿斗结构、悬山顶。整体建筑为硬山顶砖木结构，举架高，用材大，梁宽，柱特别粗，建筑布局不讲究对称，有明代遗风。

伊秉绶故居透视

伊秉绶故居垂直鸟瞰

伊秉绶故居入口大门

伊秉绶故居天井照壁

伊秉绶故居天井组图

客家祭祖文化园鸟瞰

四、客家宗祠

慎终追远、敬宗睦族是中华民族的优良传统，也是客家人的优良品德。西晋末年，中原动乱，中原汉人被迫背井离乡踏上了千年南迁之路，至唐末黄巢起义，客家人再次举族从江西迁到福建。从北方辗转逃难而来的客家人始终未忘祖先，甚至南迁时一路背着祖先的遗骸来到新的定居地，在落脚聚居后，建造宗祠成为第一要务。宁化现存宗祠有 230 余座，始建于唐、五代的有三座。

宗祠以祭祀祖先为主要用途，此外还是宗族议事、聚会、执行宗法族规及娱乐宴会的场所。凝聚着宗族的历史文化理念和价值取向。宗祠有各自的堂号，表达各个家族的文化理念，其中的每根柱子都有楹联，这些对联蕴含着家族的源流典故，更像是一个家族的简史。

宁化宗祠除了始建时间早，数量多，规模大之外，其建造风格更是恢宏壮观。宁化传统民居简洁朴实，无过多装饰，宁化宗祠建筑却截然相反，装饰繁复华丽。宁化宗祠大部分是硬山顶砖木结构，其平面布局大致由围墙、火埕、牌楼山门、天井、回廊及正堂组成。其木构多为穿斗式与抬梁式相结合。正脊雕饰华丽，两端鸱尾或翘角。正堂内更是雕梁画栋，宽敞明亮，一派中原古典宫廷气象。

宁化的宗祠有山门蟠龙牌楼，门廊呈内“八”字形，常见四柱三楼式。正楼为多层斗栱叠加而成，如意斗栱层层出挑，气派威严。有的祠堂相对简洁，只是在入口正面设砖雕牌楼门，其雕工亦是精美绝伦。宁化的宗祠建筑是宁化传统建筑中最有特色的存在。

客家祭祖文化园鸟瞰

石壁镇石碧村客家祭祖文化园

客家祭祖文化园位于宁化县石壁镇石碧村，石壁素有“客家祖地，客家摇篮”之称。园内的客家公祠建于 1995 年，为依山而建、坐北朝南的两进院落。它作为世界客家人的总家庙，是客家祭祖文化园 700 多米长的主轴线的终点。

文化园南入口紧贴国道，经前广场从壮观的牌楼门进入，绕过半月形水池，穿过并列的三个山门方进入 180 米长的寻根道。百根百家姓石柱阵列在道路两侧，烘托出庄严的行进路线。横穿的溪流与寻根道的交叉处设计了三座石拱桥，登上拱桥顶可见宏伟的祭祖广场门楼。穿过门楼便是百米见方壮阔的祭祖广场。广场正面是祭祀大殿与配殿，殿前伸出祭典表演平台，其余三面均设观礼台。

观礼台高处由环廊围合，廊中立历代客家名人塑像。广场中八根布满浮雕的“纪功柱”衬托出浓厚的氛围。穿过祭祀大殿，拾级而上，左右各有十八根浓厚客家风格的石旗杆拱卫。

客家祭祖文化园是客家人的“朝圣中心”，俨然已成为世界近亿客家人寻根谒祖的“圣地”。

客家祭祖文化园垂直鸟瞰

客家祭祖文化园前广场正面

客家祭祖文化园山门

客家祭祖文化园寻根道

祭祖广场浮雕纪功柱

自石拱桥远望祭祖广场门楼

祭祖广场侧立面

历代客家名人塑像环廊

祭祖大殿

客家风格石旗杆

祭祖广场祭祖大殿与配殿

客家公祠门楼

石壁镇石碧村客家公祠

客家公祠，位于宁化县石壁镇石碧村东土楼山上，由公祠、文博阁、广场、牌楼、客家之路、碑亭、碑林和姓氏碑廊组成，占地面积 2 万平方米，建筑面积 4000 平方米。公祠于 1992 年 11 月 18 日奠基，1995 年 10 月 16 日落成，是世界客家人的总家庙、“朝圣中心”。每年十月，来自世界各地的客家后裔云集于此，共同拜谒聚百余先姓于一祠的客家公祠。客家公祠已经成为海内外客家人祭拜先祖的“圣地”，祠内集聚海内外近 200 个客家姓氏的先祖牌位。

客家公祠内院组图

客家公祠各姓氏先祖牌位组图

客家公祠内院

廖氏家庙正面

淮土乡禾坑村廖氏家庙

禾坑廖氏家庙，位于宁化县淮土乡禾坑村，属清代祠堂类建筑。坐北朝南，平面呈横的长方形，通面阔 16.12 米，通进深 22.05 米，面积 355 平方米。中轴线上由南向北依次建有台阶、门廊、大门、下厅、天井、正厅等，主体建筑面阔三间，进深五柱，为抬梁穿斗混合结构，硬山顶。大门为单檐歇山顶牌楼式，有四根木质檐柱，回廊上方有双拱卷棚轩做天花装饰，明间设带花罩的神龛位，左右两侧厢房二层结构，地面为青砖铺设，右侧有横屋一列，整体建筑为带风火墙砖木结构。

家庙始建于明万历年间，史上历经九次维修，最近一次在 1992 年，有多时期建筑修复信息。建筑的规格高，较为珍贵。

廖氏家庙鸟瞰组图

廖氏家庙透视

廖氏家庙门楼局部一

廖氏家庙门楼局部二

廖氏家庙正厅局部

廖氏家庙门楼局部三

廖氏家庙侧面

廖氏家庙局部梁架组图

廖氏家庙正厅

廖氏家庙天井组图

進士
西啟學京
水木源思

三五应泰公祠鸟瞰

泉上镇延祥村三五应泰公祠

延祥三五应泰公祠，位于宁化县泉上镇延祥村，属清代祠堂类建筑，坐东北朝西南，平面布局呈方形，通面阔 29.95 米，通进深 24.44 米，面积 732 平方米。由西南向东北依次建有围墙、空坪、大门、前厅、后堂及两侧厢房等。后堂面阔三间，进深五柱，为抬梁穿斗混合式结构，悬山顶。建筑木构举架高大，用材考究，建筑外墙皆为青砖砌筑，门楼雕花精美，雕有龙首、瑞狮、福禄寿吉祥图案，门楼前空坪左右两侧各有旗杆一根。

三五应泰公祠垂直鸟瞰

三五应泰公祠门楼

三五应泰公祠正厅

应泰公祠院门

三五应泰公祠门楼局部

三五应泰公祠前院组图

王氏宗祠正面

淮土乡大王村上片王氏宗祠

上片王氏宗祠，位于宁化县淮土乡大王村上片，属祠堂类建筑。坐西南朝东北，通面阔 14.06 米，通进深 34.75 米，面积 489 平方米。中轴线上由东北向西南依次建有大门、下廊、天井、上堂、围墙。上堂面阔五间，进深六柱带回廊，回廊上方有双拱卷棚轩做天花装饰，为抬梁穿斗混合结构，硬山顶。大门四柱三间三楼式，砖砌，有彩绘堆塑人物、花卉等，两侧开有边门，上堂神龛处设有落地花罩，左右厢房为二层结构，地面以青砖横竖交错铺设，整体建筑为硬山顶砖木结构，带风火墙。

据了解，王氏宗祠始建于明代，后经几次维修，现存建筑为清代风格，但仍保留有明代遗风。

王氏宗祠鸟瞰组图

王氏宗祠天井组图一

王氏宗祠天井组图二

淮土乡青平村花园墩罗氏宗祠

花园墩罗氏宗祠位于宁化县淮土乡青平村花园墩自然村，属清代祠堂类建筑。坐西南朝东北，平面呈横的长方形，通面阔 15.34 米，通进深 22.84 米，面积 350 平方米。中轴线上由东北向西南依次建有坪、大门、下厅、天井、正厅及左侧横屋一列等。主体建筑面阔五间，进深五柱，为抬梁穿斗混合结构，硬山顶。大门为“八”字开，门廊上方有天花装饰，正厅上方设有神龛位，左右厢房二层楼。整体为硬山顶砖木结构，带风火墙。

罗氏宗祠鸟瞰组图

罗氏宗祠正厅梁架

罗氏宗祠整体鸟瞰

罗氏宗祠侧面

罗氏宗祠局部梁架

罗氏宗祠正面

罗氏宗祠正厅

罗氏宗祠天井

泉上镇延祥村念四公祠

延祥念四公祠位于宁化县延祥下村，建于明万历四十年（1612），坐北朝南，占地面积400平方米，由池塘、门坪、石旗杆、厅堂、辅房和后花台等组成。下厅为坊式檐墙，四柱三间三楼，正厅面阔三间，进深五柱，脊檩墨书“昔皇明万历四十年岁次壬子月……谨题”。

念四公祠建筑年代纪年确切，是县域内仅存的两座明代建筑之一，其形制完整，建筑工艺考究，具有极为重要的文化传承价值。

念四公祠正面

念四公祠鸟瞰

念四公祠入口透视

念四公祠侧面

念四公祠脊檩墨书

念四公祠正厅

城郊镇社下村俞坊俞氏宗祠

俞坊俞氏宗祠位于宁化县城郊镇社下村俞坊自然村，属清代祠堂建筑，平面为方、圆结构，不规则分布。坐西北朝东南，通面阔 19.2 米，通进深 22.2 米，总面积 426 平方米。中轴线上依次为晒坪、大门、下厅、天井、正厅等。主体建筑面阔五间，进深四柱，为抬梁穿斗混合式结构，悬山顶。大门上彩绘门神，门廊上方为单拱卷棚轩做天花装饰。下厅可搭临时性戏台，正厅左右两侧厢房为二层结构。正厅内设有神龛，供奉俞氏祖宗牌位，为抬梁穿斗式木构架，地面以横竖青砖铺设。宗祠西侧有横屋一列。晒坪左右两边立有旗杆石。

俞氏宗祠鸟瞰组图

俞氏宗祠正面

俞氏宗祠门廊局部组图

俞氏宗祠墀头

俞氏宗祠正厅

俞氏宗祠天井组图

曹坊镇滑石村温氏宗祠

温坊温氏宗祠，位于宁化县曹坊镇滑石村温坊自然村，属清代祠堂类建筑，为一进两堂，砖木石结构合院式建筑。平面呈长方形倭角。祠堂坐南朝北，通面阔 14.81 米，通进深 21.43 米，建筑面积 317 平方米。中轴线上依次有山门、门楼、下厅、天井、正厅。主体建筑面阔五间，进深四柱，为抬梁穿斗混合式结构，硬山顶。正厅前廊的上方为卷棚顶。大门上方以砖雕莲花形斗栱叠涩承托歇山顶屋架和屋面，斗栱间镶嵌着砖雕，内容有大象、麒麟、奔狮、四不像、水牛等，正厅设神龛。

建筑始建于南宋淳熙年间，为钦修住宅“太史第”。清康熙八年（1669）在原址上按原貌重建，并更名为温氏宗祠。

温氏宗祠鸟瞰

温氏宗祠垂直鸟瞰

温氏宗祠透视

温氏宗祠侧面

温氏宗祠门楼局部组图

温氏宗祠正面

温氏宗祠正厅

溫氏宗祠

太史第
遠肇晉陽

方田乡南城村王氏祠

王氏宗祠，亦称王氏祠，坐落于宁化县方田乡南城村石脚排。郡号为“太原”，堂号是“明德维馨”。建筑占地面积 600 平方米，建筑面积 450 平方米，坐北朝南向。该祠始建于清乾隆四十七年（1782），历经多次维修，新中国成立后大修两次，故保存至今。属砖木结构，有上厅、下廊、天井，左边有厨房。正堂神龛设神主牌位。该祠共修族谱 6 次，首次修谱时间为清道光十五年（1835），近期修谱时间是 1994 年 11 月。

王氏祠正面

王氏祠鸟瞰组图

王氏祠侧面

王氏祠门楼透视

王氏祠走廊

王氏祠天井透视

王氏祠正厅

王氏祠天井组图

吴氏宗祠正面

淮土乡吴陂村吴氏宗祠

吴氏宗祠，位于宁化县淮土乡吴陂村祠堂下，属清代祠堂类建筑。坐东北朝西南，平面呈横的长方形，通面阔 15.08 米，通进深 28.42 米，占地面积 429 平方米。中轴线上由西南向东北依次建有山门、坪、大门、下厅、天井、正厅等。主体建筑面阔五间，进深五柱，为抬梁穿斗混合结构，硬山顶。门廊有四根木质檐柱，门上有彩绘门神，上堂设有神龛位，供奉祖先牌位。左右厢房为二层结构，抬梁穿斗式木构，地面以青砖铺设。宗祠始建于清嘉庆年间，最近一次修整是于 2002 年 12 月重建了门楼。

吴氏宗祠鸟瞰

吴氏宗祠前院正面

吴氏宗祠门楼局部

吴氏宗祠天井组图

徐氏家庙正面

曹坊镇根竹村徐氏家庙

徐氏家庙，位于宁化县曹坊镇根竹村，属清代祠堂类建筑。坐东南朝西北，平面呈横向长方形，通面阔 20.82 米，通进深 25.65 米，占地面积 534 平方米。中轴线上依次有山门、围墙、晒坪、大门、下厅、天井、正厅等。主体建筑的正厅面阔三间，进深五柱带前廊，为抬梁穿斗混合木结构，悬山顶。前门楼为重檐歇山顶，多层如意斗栱叠涩出挑承托屋架及屋面，次间前墙设方漏窗。前廊的上方有双拱卷棚轩顶，两侧左右厢房为两层楼，正厅设有神龛，供奉的是祖宗牌位。地面以长条青砖横竖交错铺设。整体建筑用材相对比较大，为带风火墙硬山顶砖木结构。

徐氏家庙鸟瞰

徐氏家庙垂直鸟瞰

徐氏家庙门楼透视

徐氏家庙外墙漏窗

徐氏家庙门楼局部

徐氏家庙门窗

徐氏家庙梁架

徐氏家庙正厅局部组图

徐氏家庙天井组图

南洲啟瑞世澤長
東海傳宗枝叶茂

爱存堂正面

爱存堂鸟瞰组图

爱存堂天井组图

曹坊镇黄坊村爱存堂（黄氏宗祠）

黄坊爱存堂，位于宁化县曹坊镇黄坊村，为黄氏宗祠，属清代祠堂类建筑。坐北朝南，平面呈不规则长方形，通面阔 22.48 米，通进深 26.6 米，占地面积 860 平方米。中轴线上依次有山门、围墙、晒坪、大门、下厅、天井、正厅等。正厅面阔五间，进深五柱带回廊，为硬山顶抬梁穿斗混合式结构。正厅明间设有一开间神龛位，供奉的是祖先牌位，门脸为砖雕构件，天井两侧设廊庑。正厅檐柱为石接柱，地面以青砖横竖交错铺就，主厝右侧有横屋一列。整体为带风火墙硬山顶砖木结构。宗祠始建于 1773 年，1778 年竣工，几经维修（具体时间不详），曾因历史原因被严重毁坏，最近一次在 1997 年从简维修。

堂正厅

爱存堂正厅

爱存堂天井

爱存堂内部梁架组图

童氏宗祠正面

曹坊镇双石村石牛童氏宗祠

童氏宗祠，位于宁化县曹坊镇双石村一组，属清代祠堂类建筑。为一进两堂砖木结构合院式建筑，平面呈长方形。坐北朝南，面阔 17.7 米，进深 26.04 米，占地面积 461 平方米。中轴线上依次有大门、下厅、天井、正厅、花台。上、下堂及轩廊均为抬梁穿斗混合结构，硬山顶。大门为四柱三楼，重檐歇山顶。下厅上方为卷棚轩，正厅面阔五间，进深四柱带回廊，其中设有神龛位，供奉祖先的牌位，上悬挂“风接南城”牌匾，地面以青砖横竖交错铺设。整体建筑为带风火墙硬山顶砖木结构，祠堂前带半月池。该建筑于乾隆六十年在其原址上进行了扩建。

童氏宗祠侧面组图

童氏宗祠门楼透视

宗祠垂直鸟瞰

童氏宗祠山墙局部组图

童氏宗祠外墙漏窗

童氏宗祠鸟瞰

童氏宗祠天井组图

童氏宗祠天井透视

童氏宗祠木构装饰

童氏宗祠正厅

童氏宗祠梁架

童氏宗祠屋面装饰

童氏宗祠石柱础

童氏宗祠石构件

赵玉公祠入口门楼

赵玉公祠鸟瞰

赵玉公祠垂直鸟瞰

赵玉公祠外墙组图

赵玉公祠天井一

赵玉公祠前座中厅

赵玉公祠天井二

赵玉公祠天井透视二

曹坊镇上曹村赵玉公祠

赵玉公祠坐落于曹坊镇上曹村溪背，始建于乾隆年间，坐西南朝东北，占地 1200 平方米，建筑面积 500 多平方米，庚山甲向，属砖木结构。系前后座合院式布局，设前后天井。宗祠大门为白墙面牌楼式造型，从前天井一侧进入，可见面阔三开间敞亮的前座中厅。中厅为抬梁式木构，对前后天井开敞，空间开敞明亮，现作为议事或聚会大厅。中厅前天井正对牌楼造型的照壁，后座三开间，中间为主厅，供奉先祖舜壁公（赵玉公）牌位。两侧厢房设侧门通向室外，整体布局简洁明快且实用。

赵玉公祠天井透视一

城郊镇都寮村吴氏祠

吴氏祠坐落于城郊镇都寮村黎坊，路口设路亭。建筑主体属砖木结构，“人”字形坡屋面，正面入口为“八”字凹门廊，蛟头咬梁装饰，面阔五开间，正厅恭敬堂为抬梁式减柱木构，居中设有神龛，供奉祖先的牌位，两侧设厢房。整体布局简洁明快且实用，最近一次修缮时间为 2015 年。

吴氏祠垂直鸟瞰

吴氏祠透视

吴氏祠门廊

吴氏祠正厅组图

丘氏宗祠正面

城郊镇都寮村丘氏宗祠

丘氏宗祠，坐落于宁化县城郊镇都寮村公路旁的山上。郡号为“天水”，堂号是“思远堂”。该祠约始建于清康熙年间，历经多次维修，保留至今。祠堂分上下两进，下堂高挂“思远堂”大匾，神龛上供奉三块神主牌，中间一块写着：“天水郡丘氏十三世祖祚郎公妣江氏一脉先祖之神位”，左昭右穆，一块合祀十四、十五、十六世祖，一块专祀十七世祖庚杰公。该祠是李七、社背和巫高等村丘氏总祠。

丘氏宗祠垂直鸟瞰

丘氏宗祠门楼组图

丘氏宗祠正厅

丘氏宗祠梁架装饰

丘氏宗祠天井透视一

丘氏宗祠正厅梁架

丘氏宗祠天井透视二

城郊镇雷陑村张氏祠

张氏祠，坐落于宁化县城郊镇雷陑村雷陑。郡号为“清河”，堂号是“孝友堂”。该祠始建于清康熙三十九年（1700）。该祠平基柱上写着：“霄汉鹏程腾九万，锦堂鹤翅展三千。”整体木构架保存基本完整，后期及时修缮粉饰，内部雕花精美。

张氏祠垂直鸟瞰

张氏祠室内

张氏祠鸟瞰

张氏祠正厅侧面

张氏祠木梁架装饰组图

张氏祠正面

張氏祠

安乐镇赖畲村邓氏宗祠

邓氏宗祠，位于宁化县安乐镇赖畲村龙地自然村，属清代祠堂类建筑，为砖木结构。宗祠平面呈不规则长方形、不对称布局，坐东南朝西北。通面阔 18.9 米，通进深 28.2 米，总面积 533 平方米。中轴线上依次为晒坪、大门、下厅、天井、正厅。主体建筑面阔五间，进深四柱，为穿斗式结构，悬山顶。大门为六柱五间五楼牌楼式、重檐歇山顶，如意斗栱，砖雕精美。明间设有神龛，供奉祖先牌位，右次间供奉夫人牌位。正厅左右两侧厢房为两层楼，抬梁穿斗式混合木构架，地面以三合土夯制。西南侧多加横屋一列。始建于清乾隆五十一年（1786），重修时间不详。

邓氏宗祠前院正面

邓氏宗祠垂直鸟瞰

邓氏宗祠门楼透视

邓氏宗祠正厅侧面

邓氏宗祠正厅

邓氏宗祠天井

邓氏宗祠鸟瞰

福
福

治平畲族乡坪埔村连氏宗祠

坪埔连氏宗祠，位于宁化县治平畲族乡坪埔村上坪埔自然村，属清代祠堂类建筑，为一进两堂合院式带风火墙硬山顶砖木结构。坐西朝东，平面呈长方形，通面宽 16.8 米，通进深 29.2 米，总面积 491 平方米。中轴线上依次为前空坪、门廊、大门、天井、前廊、正厅。主体建筑面阔三间，进深四柱，为抬梁穿斗混合式结构，悬山顶。门廊两侧设门房，正面开左、中、右三扇大门。正厅左右为二层结构厢房，前廊两侧有“7”字形楼梯通向厢房二楼。厢房与正厅间以匡斗墙分隔。上厅前廊有双拱卷棚轩顶，还有藻井装饰。雀替、驼墩等部件木雕精美，瓜楞形、仰莲纹、柿蒂覆莲瓣形等石质柱础雕刻精细，大门均有石质门过梁，门栏上方卷棚顶下有精美人物故事木雕。

连氏宗祠正面

连氏宗祠鸟瞰组图

连氏宗祠门廊局部组图

连氏宗祠侧面

连氏宗祠天井组图

方田乡方田村张氏宗祠

张氏宗祠位于宁化县方田乡方田村禾岭，始建于清乾隆四十三年（1778），2004 年重修，建筑占地面积 315 平方米，坐东南朝西北，背山面水，单层砖木结构，二落二进深，硬山顶。正月、清明在祠堂举办祭祀活动的历史悠久。建筑历史构件保留完整，融合了徽派建筑中的马头墙元素，具有一定的历史价值。

张氏宗祠垂直鸟瞰

张氏宗祠天井

张氏宗祠正面

张氏宗祠鸟瞰

张氏宗祠天井组图

祠宗氏張
梅水舊家聲
環溪新廟祀

曲江雅度宏開百壵簪纓
燕國文章佑啓千秋俎豆

治平畲族乡邓屋村邓氏宗祠

邓氏宗祠，亦称邓仁美公祠，坐落于宁化县治平畲族乡邓屋村邓屋。郡号为“南阳”，堂号是“惇叙堂”。该祠始建于北宋，新中国成立后进行了五次维修，曾被挪为仓库之用，现为上厅下廊，砖木结构。

邓氏宗祠鸟瞰组图

邓氏宗祠侧面组图

邓氏宗祠正面

邓氏宗祠背面

忠 鄧氏宗祠 孝
百年好合

范氏宗祠正面透视

范氏宗祠侧面透视组图

范氏宗祠正厅局部

范氏宗祠木梁架装饰

治平畲族乡彭坊村范氏宗祠

范氏宗祠，位于宁化县治平畲族乡彭坊村，属清代祠堂类建筑。坐东南朝西北，平面呈长方形，通面阔 17.37 米，通进深 24.51 米，总面积 426 平方米。中轴线上依次为大门、下厅、天井、正厅。主体建筑面阔五间，进深五柱，为抬梁穿斗混合式结构，悬山顶。大门为重檐歇山顶“八”字门牌楼，设四根檐柱。门廊上方有平面天花装饰，其上彩绘动物、花卉等图案。正厅前廊上方为双椽弓箭轩，天井左右两侧厢房为二层结构，正厅设的神龛上有描金花罩（绘八仙过海人物故事）。整体建筑为硬山顶砖木结构，带马头形风火墙。

范氏宗祠鸟瞰组图

范氏宗祠天井二

范氏宗祠门楼局部

范氏宗祠正厅

氏宗祠天井一

治平畲族乡彭坊村赖氏宗祠

赖氏宗祠，位于宁化县治平畲族乡彭坊村，属清代祠堂类建筑，一进两堂合院式砖木结构，平面呈长方形，进门后依次为下厅、天井、正厅。主体建筑面阔三开间，为硬山搁檩、抬梁与穿斗混合式结构。大门为重檐歇山顶“八”字门牌楼，多层如意斗栱叠涩出挑承托屋架及屋面，斗栱间镶嵌鎏金彩绘花板，独具宁化地域建筑特色，门廊两侧白粉墙上设红色“囍”字漏花窗装饰。

赖氏宗祠正面

赖氏宗祠鸟瞰组图

赖氏宗祠门楼局部

赖氏宗祠正厅

彭氏宗祠鸟瞰组图

彭氏宗祠天井

彭氏宗祠正面

彭氏宗祠正厅

彭氏宗祠正厅侧面

彭氏宗祠侧面局部

彭氏宗祠天井组图

治平畲族乡彭坊村彭氏宗祠

彭氏宗祠，位于宁化县治平畲族乡彭坊村，属清代祠堂类建筑，坐东北朝西南，平面呈不规则长方形，通面阔 38.56 米，通进深 40.23 米，总面积约 1551.27 平方米。由西南至东北依次为山门、晒坪、大门、下厅、天井、正厅。山门为重檐歇山顶，大门为“八”字开，下厅面阔三间，正厅面阔五间，进深四柱带前廊。天井左右两侧为二层结构的厢房。正厅设有神龛，其上有描金花罩。正厅为抬梁穿斗式木构架、悬山顶。整体建筑为带“品”字形风火墙硬山顶砖木结构。

子孫兩竹正道惟讀惟耕
先祖一脉真傳克勤克俭

曹坊镇黄坊村南钒廷徽堂（黄氏宗祠）

黄坊南钒廷徽堂，位于宁化县曹坊镇黄坊村，为黄氏宗祠，属清代祠堂类建筑，平面呈前圆倭角方形。坐东南朝西北，通面阔 17.32 米，通进深 38.88 米，面积 822 平方米。中轴线上依次有山门、围墙、晒坪、大门、下厅、天井、正厅等。大门为六柱五间，重檐歇山顶，“八”字门，有四个石檐柱。正厅面阔五间，进深六柱，为抬梁穿斗混合式木构架。回廊上方有双拱卷棚轩做天花装饰。正厅中设有神龛位，供奉祖先牌位。天井两侧为左右厢房，二层结构。地面以青砖横竖交错铺就。整体建筑为硬山顶砖木结构，带风火墙，始建于乾隆辛卯年（1771），后经多次修缮。

南钒廷徽堂垂直鸟瞰

南钒廷徽堂正面局部透视

南钒廷徽堂鸟瞰

南鈖廷徽堂正厅侧面

南鈖廷徽堂天井

南鈖廷徽堂前厅侧面

南鈖廷徽堂正厅局部

南鈖廷徽堂正面

南鈖廷徽堂正厅

治平畲族乡下坪村李氏家庙

李氏家庙，坐落在宁化县治平畲族乡下坪村下坪。郡号为“陇西”，堂号是“继述堂”，始建于南宋宝祐年间，大修过两次，小修若干次。楹联平基柱上书：“派朔犹龙门重登龙池庆跃龙龙纪瑞，歌来天马厅开旋马文成倚马马班才。”栋柱上书：“正色立朝端一代伟人义胆忠肝昆耀宗枋绵瓜瓞，遗书传柱下千年道德青云紫气光昭族乘大门闾。”

李氏家庙垂直鸟瞰

李氏家庙梁架装饰

李氏家庙梁架组图

李氏家庙天井

李氏家庙走廊

李氏家庙正面

李氏家庙鸟瞰

李氏家庙正厅

夏氏宗祠正面

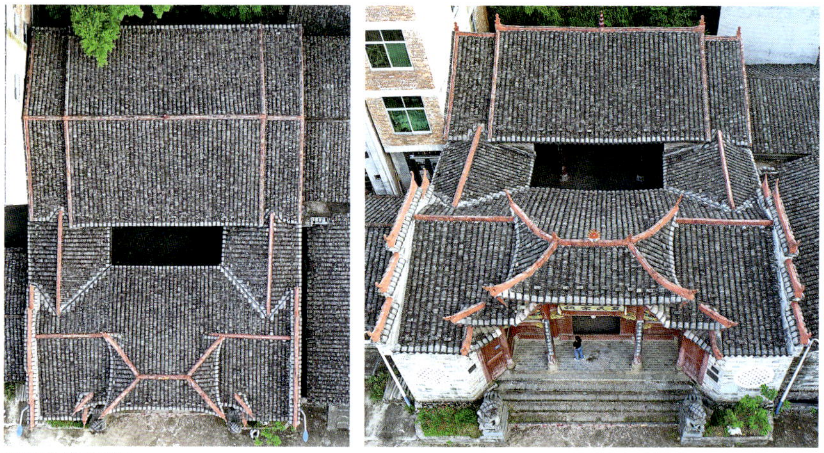

夏氏宗祠鸟瞰组图

夏氏宗祠正厅侧面

夏氏宗祠天井组图

安乐镇夏坊村夏逸垣夏氏宗祠

夏逸垣夏氏宗祠，位于宁化县安乐镇夏坊村夏逸垣自然村，属明代祠堂类建筑，为砖木结构，坐东南朝西北。平面为不对称方形，通面阔 36 米，通进深 24.1 米，总面积 868 平方米。中轴线上依次有半月池、下廊、大门、下厅、天井、正厅。主体建筑面阔五间，进深四柱带回廊，上下堂均为抬梁穿斗混合式木构架。大门为重檐歇山顶“八”字门，门廊的天花板上有彩绘图案，回廊上方为双椽轩。明间设一开间神龛，供奉的是“明会稽郡十六世祖君七十郎公太府君”，左右两侧设有厢房，两层结构。地面以三合土夯制，整体建筑为硬山顶砖木结构，带风火墙。

夏氏宗祠门楼透视

夏氏宗祠天井

夏氏宗祠正厅局部

夏氏宗祠正厅

夏氏宗祠垂直鸟瞰

夏氏宗祠墀头

夏氏宗祠正脊

夏氏宗祠门楼透视

夏氏宗祠正面

夏氏宗祠鸟瞰

曹坊镇双石村石牛夏氏宗祠

夏氏宗祠，位于宁化县曹坊镇双石村石牛自然村，属清代祠堂类建筑，为一进两堂带风火墙合院式建筑，平面呈长方形。坐南朝北，通面阔 16.68 米，通进深 23.36 米，面积 390 平方米。中轴线上依次为大门、下厅、天井、正厅。正厅面阔五间，进深四柱带回廊，两侧厢房为两层楼，为抬梁穿斗混合式木构架，硬山顶。下堂及前门楼数层出挑斗栱等构架承托重檐歇山顶屋顶和屋架，次间外砖墙上设圆形漏窗。正厅设有神龛，有精美的落地花罩。祠前带半月池。

夏氏宗祠正厅

曹坊镇滑石村张氏祠

张氏祠位于宁化县曹坊镇滑石村水东，始建于乾隆二十年，为上下厅一层砖木结构，中间为天井，上厅左侧为厢房，宗祠历经数百年的风风雨雨，由于历史等原因，损毁严重，经后人数次修缮，现宗祠整体保存完好。

张氏祠门楼局部

张氏祠木梁架

张氏祠天井组图

张氏祠正厅

张氏祠鸟瞰组图

张氏祠正面

张氏祠门楼

张氏祠前院入口

城南镇水口村巫氏宗祠

巫氏宗祠位于宁化县城南镇水口村，该建筑的建造年代大概在清顺治十五年（1658），2007 年进行了一次大的修缮。巫氏宗祠是村落重要的活动中心，今作为村落的一个总祠在使用。

巫氏宗祠垂直鸟瞰

巫氏宗祠侧面局部

巫氏宗祠正面局部

巫氏宗祠正面

巫氏宗祠鸟瞰

巫氏宗祠侧面

巫氏宗祠门廊局部

巫氏宗祠木梁架

巫氏宗祠天井

巫氏宗祠正厅

嶂裕源堂正面

嶂裕源堂正面远景

嶂裕源堂透视

嶂裕源堂木梁架

济村乡罗家村罗家嶂裕源堂

罗家嶂裕源堂，位于宁化县济村乡罗家村北约 350 米的寨脑山下，为罗氏香火厅，属清代祠堂类建筑，坐西北朝东南偏东，平面呈横向的长方形。通面阔 10.24 米，通进深 13.79 米，面积 141 平方米。中轴线上由东南向西北依次有二层青石台阶、大门、上堂等。上堂面阔三间，进深四柱，为抬梁穿斗混合式木结构，硬山顶。地面以青砖横竖铺设，整体建筑为硬山顶砖木结构，香火厅现供奉罗氏罗家嶂历代多房的祖宗牌位。

敬享堂鸟瞰组图

敬享堂天井

敬享堂正厅

淮土镇水东村敬享堂

敬享堂位于宁化县淮土镇水东村，建于清代，二进二落布局，建筑结构为砖木结构，主体结构为三间十一架，悬山屋顶。建筑整体较好地保存了原有的历史风貌，并与周围环境相融合。

敬享堂正面

东华山寺鸟瞰

五、庙宇寺院

宁化的寺庙数量不是太多，但颇有特色。东华山寺就是代表，该寺矗立在与江西省交界的武夷山南麓海拔1148.9 米的东华山巅，可俯瞰两省，四顾千里。平时云雾缭绕，天晴时由山顶鸟瞰，江西省石城县县城与宁化县石壁镇的全域风貌清晰可见。史料记载，这座庙宇始建于隋朝，是一座名副其实的千年古刹。自下而上有福临寺、中庵与顶庵。可惜“文革”期间毁于一旦，于 20 世纪 80 年代开始重建。该寺为宁化县最具代表性的佛教寺庙。

建于明代的下埠五通庙，入口门楼斗栱的雕饰和彩绘之精美实属罕见，与边上朴实的清代戏台，形成了强烈的对比。

本书还收录了建于不同时期的宁化寺庙建筑，包括下伊村伊公庙、曹坊镇上曹村茂莲寺、泉上镇普光岩寺、林泉古院、南城村武侯庙、安远镇岩前村宝岩禅寺。各有千秋，极具特色。

东华山寺鸟瞰

石壁镇东华山寺

东华山原名白水顶，位于宁化县以西约 36 公里的闽赣交界处，属武夷山脉中偏南段，主峰白水顶海拔 1148.9 米，主脉向东沿宁化石壁、济村两乡镇边界入济村乡长坊村，止于吾家湖。北支深入济村乡上龙头村，南支深入石壁镇的邓坊桥、隆坡、三坑等村边界地带。东华山是佛、道两教之圣地。山顶的三仙祠，为道教祠观，内供“三仙祖师”等道教神像。三仙祠下建有佛庵，名为“东华山寺”，又名“西华山寺”“金沙庵”。坐西朝东，平面呈不规则长方形，砖木抬梁硬山顶结构，上盖铁瓦。大殿供奉释迦牟尼佛、观世音菩萨、阿弥陀佛等佛教神像，大殿两侧为二层僧房。中轴线上由东南向西北依次建有山门、门廊、下殿、大殿等。大殿面阔三间，进深四柱，为抬梁穿斗混合结构重檐歇山顶。东华山寺始建于明朝隆庆年间，1980 年重修过。三仙祠、东华山寺是福建省保存最完整的铁瓦顶寺庙。

东华山寺垂直鸟瞰

东华山寺局部透视

三仙祠正面

东华山寺大殿铁瓦屋顶

三仙祠入口

东华山寺大殿入口

东华山寺室内组图

五通庙正面

五通庙鸟瞰组图

湖村镇下埠村五通庙与古戏台

下埠五通庙，位于宁化县湖村镇下埠村街上，属寺庙类建筑。五通庙为砖混结构单体建筑，坐西北向东南，通面阔 15.8 米，通进深 13.7 米，占地约 350 平方米，建筑面积约 216 平方米。建筑由庙前空坪、“八”字开门楼、下堂、天井、上堂、神龛等组成。主体建筑面阔五间，额枋跨空减左右金柱，进深五柱抬梁减中柱，为单檐硬山顶抬梁穿斗混合式木构架。门楼为重檐歇山顶，做成

五通庙门楼透视

五通庙门楼局部

五通庙正厅

古戏台透视

五通庙门楼局部组图

如意斗栱状，斗栱结构繁杂，木雕内容丰富。正厅柱子用材硕大，底部有八角木质柱础垫支，地面为青砖横竖交错铺设，屋脊置龙吻装饰，牌楼式大门屋脊也置龙吻装饰，显示它的地位较高。五通庙始建于明万历三十八年（1610），现存为清代建筑。庙内存有“五王庙碑记”“建台装荦碑记”及“囗县生耿太老爷谳语”碑三通。寺庙左侧的广场边，建有古戏台一座。

河龙乡下伊村伊公庙

下伊伊公庙，又称“水南古庙”，位于宁化县河龙乡下伊村南约 100 米处，为一进两堂加辅殿砖木结构建筑。坐西朝东，平面呈横向不对称长方形，通面阔 21.14 米，通进深 16.17 米，面积 342 平方米。中轴线上由东向西依次建有大门、天井、廊屋、主殿、北侧配殿等。主殿面阔三间，进深六柱，为抬梁穿斗混合式结构，硬山顶，大门为“八”字门，有抱鼓石一对，两侧风火墙做山墙，明间供奉五通神，左侧梢间供奉伊盆夫妇。地面是以三合土铺设。配殿有照壁，面阔三间，进深四柱，供奉的是禅师和当地的土地公，下厅上方设有藻井作为天花装饰，庙内壁嵌有记载历代修庙始末的碑八通。伊公庙始建于宋代，历代曾多次扩建，现建筑为清嘉庆二十四年（1819）重建，供奉敕封银青光禄大夫伊盆夫妇。

伊公庙垂直鸟瞰

伊公庙正面

庙门廊透视

伊公庙天井组图

伊公庙鸟瞰

伊公庙正厅

伊公庙藻井

茂莲寺垂直鸟瞰

曹坊镇上曹村茂莲寺

茂莲寺位于宁化县曹坊镇上曹村西部山麓（古称白莲塘）。始建于清康熙年间，因寺庙门前池塘内茂盛的白莲花而得名。始称白莲寺，后又改名茂莲寺。上下大殿，左右两侧是厢房、厨房、宿舍等。占地面积 2000 余平方米，地处古驿道旁，在战争时期素为兵家必争之地。茂莲寺四面环山，自然风景优美，人文景观丰富，前来朝拜的海内外人士络绎不绝。

茂莲寺远景鸟瞰

茂莲寺鸟瞰一

茂莲寺局部鸟瞰

茂莲寺天井

茂莲寺前院透视组图

茂莲寺鸟瞰二

茂莲寺入口牌楼

茂莲寺正面透视

林泉古院鸟瞰

林泉古院鸟瞰组图

林泉古院前院大门

林泉古院天井组图

泉上镇林泉古院

位于宁化县东北泉上镇著名的普光岩寺一侧的林泉古院，系从永安县迁建而来的。其合院布局严谨，石雕、木雕彩绘装饰华丽。

林泉古院前院正面

林泉古院正厅

林泉古院石台阶

林泉古院梁架装饰

泉上镇普光岩寺

普光岩寺，古称圃珖岩，是宁化县东北泉上镇著名的寺院，地处该镇西部的小山岗上，距县城约 43 公里。该寺始建于元至正年间（1341—1368）。清康熙七年（1668），僧人岳禅师扩建了该寺。当时，著名学者李世熊曾在此办学，并倡议乡民兴修水利，还在本镇麻布岗修筑土堡，聚集族人入住和自卫。在这清雅环境中，他著书立说甚多，时已 83 岁高龄，于康熙甲子年（1684）撰成《宁化县志》七卷，约 40 万字，享誉至今，该寺因此更是声名远播。

普光岩寺正面

普光岩寺鸟瞰组图

普光岩寺门楼局部

普光岩寺

普光岩寺旧楼正面

普光岩寺鸟瞰

普光岩寺局部组图

方田乡南城村武侯庙

武侯庙位于宁化县方田乡南城村庙前坪，始建于清代，2000年左右重新翻修，坐北朝南，背山面水，建筑占地面积150平方米。单层砖木结构，悬山顶，建筑木构架保存完整，是当地集会和祭祀的场所，当地每年有两次庙会：正月初五和农历六月十五。

武侯庙正面

武侯庙鸟瞰组图

武侯庙正面透视

武侯庙侧面

武侯庙走廊

安远镇岩前村宝岩禅寺

宝岩禅寺，坐落于安远镇岩前村朝天寨，距县城 43 公里，地处山林，环境清净优雅，青松翠竹环绕，芝兰空谷飘香，山泉与奇岩辉映。寺庙始建于清光绪二十五年（1899），原名三官堂，民国二十四年（1935）曾重修并扩建。民国二十七年（1938）寺院毁于战火，后达空禅师云游至此，见旧寺圮废可惜，忧地燥水竭，正当禅师双手合十叹惜之时，干涸多年的泉水又重新涌出。禅师甚感惊奇，赞叹此宝岩，于是重振山门，重建宝刹，命名为宝岩寺。“文革”期间，寺庙遭毁。1982 年，释德真牵头四处化缘，当地信士献工献料，先后于当年至 1993 年分期重建。2012 年，大殿右侧新

宝岩禅寺正面一

建两层砖混楼房一座，以作西归堂和客房之用。2014 年又经改建、扩建。朝天寨所在地环境险峻，风景秀丽，清李世熊编《宁化县志》的《山川》中载“其高百仞而广一里，巅有流泉，混涌如溪。麓有断堑，深峻杳然，非梯柮莫能渡。”并描述“在招得里者，曰弥勒岩。高削空珑，为鸟雀巢穴。穹广数丈，天然石室。前为弥勒殿，麓有石穴，沸上为泉，足供僧汲焉。”说明其石室、涌泉等自然奇观古已闻名。

宝岩禅寺鸟瞰

宝岩禅寺鸟瞰组图

宝岩禅寺正面二

宝岩禅寺局部组图

滑石风雨桥鸟瞰

六、桥亭牌坊

宁化风景秀丽，山川壮美，桥亭牌坊点缀其间。其中具有地域代表性的风雨廊桥型制多样，造型朴实优美，横卧田间溪上。主要有石拱廊桥、平梁廊桥，桥洞单孔或多孔。或以块石砌筑或平置木梁交叉堆叠。风雨桥两侧设木凳供路人歇息。更有罕见的石砌渡槽水渠与廊桥紧贴并置，跨越河面。还有桥亭组合或桥两端有迭落的山墙门楼。

宁化还有与建筑完美组合的牌坊，如水口圣旨节孝牌坊，这是牌坊建筑中极其罕见的形式，属牌坊影壁类建筑，牌坊上方嵌有各种雕花砖，雕有鱼、龙、人物、花鸟、走兽及缠枝牡丹等，工艺精美。

滑石风雨桥鸟瞰

曹坊镇滑石村风雨桥

滑石风雨桥，又名“温坊桥”“宜生桥”“神仙桥”，位于曹坊镇滑石村温坊自然村，属明代桥涵类建筑。桥自东北向西南，跨于曹坊大溪之上，为两墩三孔木伸臂廊桥。桥通长约 80 米，宽 4.6 米，建筑面积 368 平方米。桥基用伐形础，以凿面条石错缝垒砌桥墩，中墩上迎水方向用鹰嘴石镇桥，两端金刚墙用条块石垒砌。桥面上为木构长廊，面阔 21 间，桥面铺设木板承托沙土，上以鹅卵石摆砌图形，两边桥头设单檐歇山顶牌楼，桥中段设有神龛，两旁建有扶栏和坐板。风雨桥始建于明正德十六年（1521），历经多次修缮。

滑石风雨桥垂直鸟瞰

滑石风雨桥石碑

滑石风雨桥透视

滑石风雨桥桥头正面

滑石风雨桥局部

滑石风雨桥内部神龛

滑石风雨桥桥墩

滑石风雨桥鸟瞰

滑石风雨桥内部梁架

维藩桥与玉屏德润亭垂直鸟瞰

维藩桥与玉屏德润亭透视

维藩桥透视

石壁镇石碧村维藩桥与玉屏德润亭

维藩桥与德润亭，位于宁化县石壁镇石碧村村口，为路亭与廊桥结合式建筑，较为少见。德润亭平面呈长方形，东南至西北走向，总宽 14.9 米，深 6.89 米，面积 200 平方米，亭内为砖木结构，单檐硬山顶，两面坡，鹅卵石铺地面，于西南与东北两面各开一个券顶拱门，西南与维藩桥相连，东墙设神龛，供奉赵公元帅、土地公和土地婆，始建于清乾隆九年（1744）。

维藩桥紧邻德润亭，系单孔石廊桥，桥身为西南至东北走向，全长 11.6 米，宽 4.86 米。桥上起廊屋，面阔三间，进深用四柱，硬山两面坡顶，桥面用较细的鹅卵石平铺。

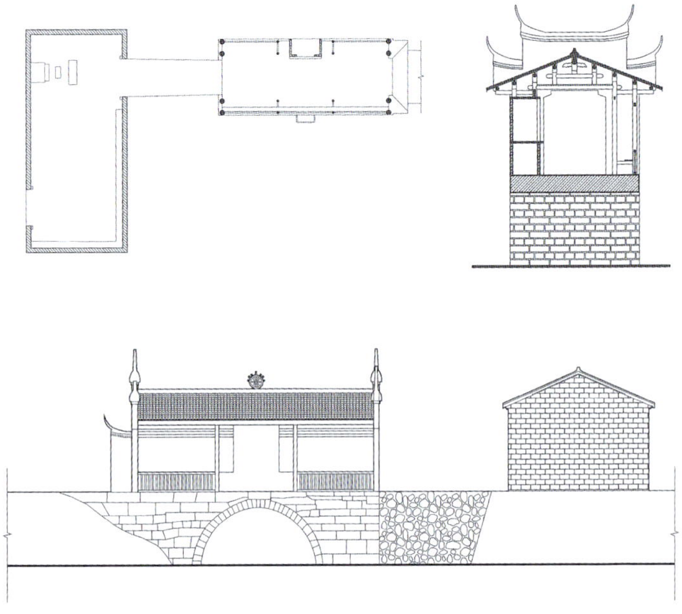

维藩桥与玉屏德润亭测绘图

维藩桥内部

玉屏德润亭侧面

玉屏德润亭门洞

玉屏德润亭内部组图

玉屏德润亭透视

溪背乌石下廊桥鸟瞰一

石壁镇溪背畲族村乌石下廊桥

乌石下廊桥位于宁化县石壁镇溪背畲族村，距县城 22 公里，始建于清康熙年间，宣统二年（1910）重修，新中国成立后曾三次修缮，左侧桥头廊屋脊檩下“宣统二年重修”墨书字样清晰可见。廊桥以柳杉与杉木为材料建造，几乎不用铁钉，全为木榫结构。东西走向，由引桥金刚墙、桥墩、廊屋、神龛、栏凳等组成，二墩三孔。中间两墩迎水面做分水尖，桥面用长木架墩，上铺两层横木，其上方再铺方木，架柱叠梁起廊屋。廊屋中部设神龛供奉太保神位，桥两边有穿柱护栏，兼作座椅靠背，外为靠栏，檐下两面均有雨披。作为当年宁化西乡南走汀州府的唯一官道，乌石下廊桥为过往的行人遮风挡雨，一直为当地人津津乐道，2012 年被正式确立为县级保护文物。

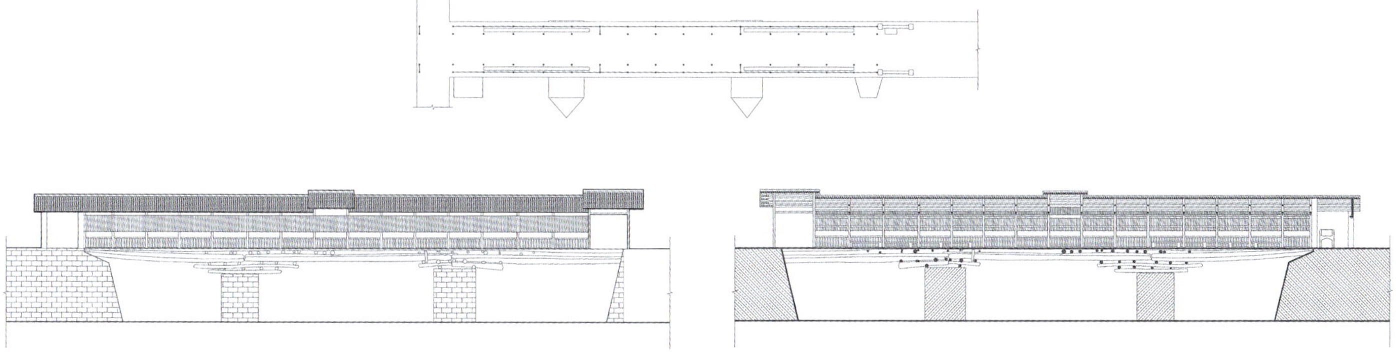

溪背乌石下廊桥测绘图

溪背乌石下廊桥鸟瞰二

溪背乌石下廊桥鸟瞰三

溪背乌石下廊桥内部

溪背乌石下廊桥内部梁架

溪背乌石下廊桥局部透视

水茜村维藩桥鸟瞰组图

水茜村维藩桥近景鸟瞰

水茜镇水茜村维藩桥

水茜村维藩桥又名“赤卫桥”，位于水茜镇水茜村双溪口。始建于清光绪壬寅年（1902），坐南朝北，横跨于水茜溪之上，往来于水茜村新、老街之间。维藩桥为石砌四墩五孔二桥台实腹拱桥，木构廊屋，墩台深凿基岩为槽，以条石垒砌，桥墩呈船形，迎水面作分水尖，饰鹢首。桥拱以楔形方石起券，一券一伏。廊屋由两侧“八”字形桥首及中亭组成。面阔二十一间、进深四柱，抬梁式架构，双坡顶。整体构造严谨，结构精巧，质朴稳重，是闽西地区桥类建筑的典型代表。

水茜村维藩桥不仅具有交通功能，同时也传承着桥梁建筑技术和客家民俗文化，是研究宁化县古时交通设施、桥梁建筑工艺极好的佐证资料。

水茜村维藩桥桥头正面

水茜村维藩桥正面

水茜村维藩桥正面透视

水茜村维藩桥内部

水茜镇安寨村蛟潭桥

蛟潭廊桥，位于宁化县水茜镇安寨桥组岩石寨下的山溪之上，坐东南朝西北，横跨于两山之间的蛟潭之上，单石拱木梁廊桥，通面阔 27.27 米，通进深 5.46 米，面积 149 平方米。由引桥、金刚墙、石拱、木廊桥、屋架、屋面、栏凳等组成，通面阔七间，通进深四柱，为抬梁穿斗混合式结构，悬山顶。建造者利用两侧基岩作引桥，桥廊屋中部设有神龛，桥两边有穿柱木栏杆及座椅，外为靠栏，两边檐下有挡板。石拱采用纵联法镶边砌置并起券。原为全木构廊桥，1965 年，木墩被改建成石拱桥墩。

蛟潭桥垂直鸟瞰

蛟潭桥远景透视

蛟潭桥入口透视

蛟潭桥桥身局部

蛟潭桥内部

蛟潭桥正面

泉上镇青瑶村坵坑花桥

坵坑花桥位于宁化县泉上镇青瑶村，保存较完整，细部精美，木雕、石雕等都保存完整，是村民们夏日乘凉休息的好地方。花桥分上下两部分，下为桥台，上为廊屋，既体现了中国传统木结构建筑的风貌，也体现了独具闽西北特色的造桥工艺。

坵坑花桥垂直鸟瞰

坵坑花桥入口正面

坵坑花桥入口正面透视

坵坑花桥内部

坵坑花桥正面透视

永建村头瓦桥正面

永建村头瓦桥鸟瞰组图

永建村头瓦桥局部组图

河龙乡永建村头瓦桥

永建村头瓦桥位于宁化县河龙乡永建村，是一座以榫卯方式（建桥没有用铁钉）建造的木质结构带屋檐古桥，桥体长 18 米、宽 6.5 米、高（含桥基）10 米。桥基为石砌，桥下为小河流水，桥上有屋檐、长廊、雨披、神龛。村中风景优美、民间传说众多。该桥为古时附近村落（伍坊、永建等）通往江西石城县境的必经之路，也是过往行人遮阳避雨、歇脚休憩的风雨桥亭和村民祭祀的重要场

永建村头瓦桥正面透视

永建村头瓦桥内部组图

所。据汪氏家谱和仅存的石碑记载，该桥为宋绍兴年间所建，清道光年间重修，迄今已有近千年历史。村头是汪姓入闽第一村落，也是宁化客家汪姓唯一的迁徙中转站，有“汪姓客村、闽水源头”之誉。从碑文和周边风物看，此桥是研究民间信俗与客家迁徙史的重要史料。

张坊村廊桥正面

张坊村廊桥垂直鸟瞰

张坊村廊桥桥头

张坊村廊桥内部

水茜镇张坊村廊桥

张坊廊桥，位于宁化县水茜镇张坊村村北约450米的小溪之上，为二墩三孔石拱木梁廊屋桥。坐北朝南，通面阔52.97米，通进深5.03米，面积266平方米，中间两墩的迎水面有分水尖，由引桥、金刚墙、双墩、三石拱、木廊屋、屋架、神龛等组成。通面阔九间，通进深四柱，一端设道庵，一端设长高台阶，为抬梁穿斗混合式柱梁结构，重檐歇山顶。桥面以花岗岩为路心，两边铺鹅卵石。廊屋中部设神龛，桥两边有穿柱栏杆座椅，外为靠栏，檐下两面均有挡板。石拱桥于1930年兴建，屋面是1943年后加建的。2000年正月十五失火，廊桥西部木构全部烧毁，同年8月被毁部分开始维修，历经五载完工。

上谢村廊桥垂直鸟瞰

上谢村廊桥桥头

水茜镇上谢村廊桥

上谢村廊桥位于水茜镇上谢村村口，横跨上谢小河，桥长约 20 米，自民国建成以来历经风雨，多次翻修，如今成为上谢村的标志性建筑。

谢村廊桥正面

水口村圣旨节孝牌坊正面透视

水口村圣旨节孝牌坊局部组图

城南镇水口村圣旨节孝牌坊

圣旨节孝牌坊，位于宁化县城南镇水口村水口，属牌坊影壁类建筑，始建于清乾隆十五年（1750），为砖、木、石结构。坐东南朝西北，平面是不规则方形，通面阔 9.9 米，通进深 6.76 米，面积 67 平方米，由前后空坪、牌楼、主堂、辅楼、厢房等组成。牌坊为三间四柱三楼“八”字开，正面门楣上镌刻“旌表儒士巫国宪妻俞氏”，横额“节孝”上立有“圣旨”大字正书，两旁镌刻礼部尚书知府、县知事及典史等职官姓名。边楼两侧为盘龙石柱，牌坊上嵌有鱼、龙、人物、花鸟、走兽及缠枝牡丹等，工艺精美。

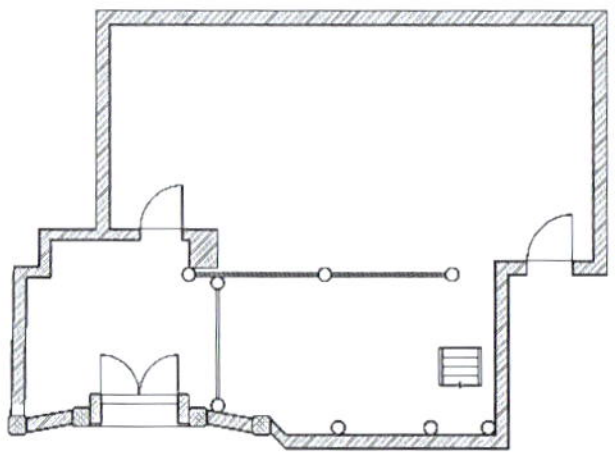

水口村圣旨节孝牌坊测绘图

水口村圣旨节孝牌坊正面

站岭隘古驿道

七、关隘路亭

宁化古称黄连峒，早在隋唐年间便可由县西境直通赣江顺流“泛筏于吴”。境内沙溪上游又称“翠江”，河道狭窄，滩多水浅，行驶艰难。驿道则西出江西石城，东通清流、明溪，南达长江，北往建宁，四面通达。宁化共建有隘 18 处，西通江西石城的主要有凤凰山、堑头、站岭、黄柏岭、狐栖岭等，现状保存最好的当数站岭隘。

站岭隘位于石壁镇西北部与江西石城交界的站岭隘口，建有片云亭，与江西境内介福亭相接，两亭相连，中部共用一墙，以墙界分闽赣两省，此墙即为两省分界线。

宁化站岭隘与路亭

站岭隘位于石壁镇西北部与江西石城交界的站岭隘口，建有片云亭，片云亭与江西境内介福亭相接，中部共用一墙，以墙界分闽赣两省，此墙即为两省分界线。站岭隘历史上是闽赣两省往来的重要通道，它见证了一个中国移民史上重要的事件，即客家先民由武夷山东南麓西出江西，到达闽西客家祖地的全过程，是客家移民路上的一座标志性建筑。

片云亭坐西北朝东南，平面呈横向长方形，通面阔 4.57 米，通进深 11.91 米，面积 54 平方米，抬梁式结构，硬山顶。中轴线上由东南向西北依次建有亭前通道、亭门、围墙、分界墙等。用凿面条石砌外墙及隔墙，梁架直接安于墙上，亭名书于门额上方，墙内嵌石碑一方，上注明片云亭始建于康熙五十七年（1718）。

树德亭位于济村乡龙头村水油塘自然村，为古时宁化龙头通往江西福村的必经之地。树德亭始建于民国六年，平面呈长方形，砖木结构。通面阔 4.8 米，通进深 6.17 米。面阔一间，梁架直接安于墙体上，硬山顶。西南面、东北面各开一个圆形对称透窗，内墙上嵌有题为“龙头村水油塘重新鼎建树德亭喜助”碑一块。

站岭隘片云亭石碑（楼建龙　供图）

福建古驿道图（楼建龙　供图）

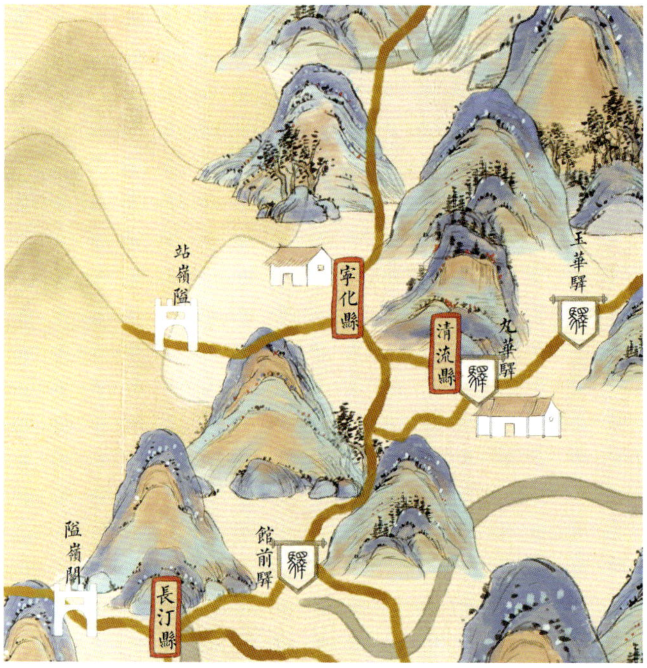

福建古驿道图宁化部分（楼建龙　供图）

宁化路亭组图（楼建龙　供图）

站岭隘片云亭（楼建龙　供图）

古驿道（楼建龙　供图）

站岭隘介福亭（楼建龙　供图）

宁化文昌阁鸟瞰

八、传承与发展

近年来宁化在地域建筑特色的传承发展方面颇有成效。在全国县级市“千城一面”的状况下，宁化县在新建的历史街区及高层住宅中创造性地应用传统地域特色元素，在福建各个县市风貌建设中树立了良好的样板。在县城中心，三溪六岸汇合处，沿水岸建有富有宁化传统建筑特色的三层五重檐塔式文昌阁，供奉孔子、文昌帝君等。文昌阁是县城中心的标志性建筑。同时，近年建成的两座跨河廊桥更是汲取了宁化地区众多祠堂、门楼的造型元素，创造性地传承了宁化传统建筑的地域特色，为市民创造了富有文化氛围的建筑空间，受到社会各界的广泛好评。

文昌阁侧面

文昌阁

宁化是客家祖地，历来有尊师重教的传统，“尊师尚学”也被写进客家祖训。历史上宁化涌现出不少杰出的文化名人，如诗人郑文宝，学者李世熊，艺术家黄慎、伊秉绶等，为我国的文化宝库贡献了大量的学术、文艺珍宝，这和客家人“兴文重教、耕读传家”的传统是密不可分的。

文昌阁是客家传统祭祀建筑，常与文庙（学宫）一并建设，供奉着孔子、文昌帝君及魁星等掌管文运、功名的神灵。宋仁宗时宁化始兴学，先后在县城的正东门、翠华山南麓等地设立儒学学宫，经多次修葺，至明洪武十三年已建成整体规制完备的学宫，文昌阁作为文庙建筑群的附属部分保存至新中国成立初期。

为重塑宁化客家崇文重教的精神家园，尊重历史、传承文脉、昌盛文运、

文昌阁垂直鸟瞰

文昌阁入口门楼

文昌阁侧面夜景

文昌阁室内

文昌阁正面夜景

启智利学，2021 年，在位于宁化东溪与西溪交汇处的半圆形半岛上重建文昌阁。阁坐西朝东，山环水抱，水口迂回转折，体现了“汇、聚、根、源”的客家文化内涵。阁高约 16.6 米，占地面积约 280 平方米，按客家地方特色的三层五重檐塔式设计。外观五层，实为三层，一、二层为方形围屋，底层为砖砌墙体，第三层过渡到八角形，采用穿斗式伞状木构架结构。

福宁桥鸟瞰一

福宁桥整体透视

福宁桥

福宁桥是宁化客家慈恩文化园基础设施项目之一，是宁化县委、县政府重点打造区域性中心城市、生态宜居城市的一项重要战略举措。该桥全长 150.4 米，桥面总宽度为 19 米，按双向两车道、两侧人行道相结合布局。主桥结构采用纵向预应力混凝土连续箱梁，主墩采用桩柱式墩。桥两侧点缀着古色古香的长廊和凉亭，细部处理采用具有客家传统地域特色的窗花、屋脊等，是宁化第一座集交通、观景、休闲于一体的跨江大桥。

福宁桥夜景

宁桥入口

福宁桥桥身透视

福宁桥鸟瞰二

福宁桥桥身局部

广济桥整体鸟瞰

广济桥夜景鸟瞰

广济桥整体透视

广济桥

广济为“广济博施”之意，体现了客家人的道德高度。广济桥坐落于宁化县城东部，原为宁化县城通往清流县古道上的重要桥梁。

广济桥始建于明嘉靖三十七年（1558）。历史上木桥数次被洪水冲毁，经多次修建，清伊秉绶曾捐资重建。清嘉庆二十年（1815）重建为石墩屋桥，桥墩四柱，桥屋二十九间，长127米，后圮。1943年再次重建。1967年改建为四跨石拱桥，桥面宽4.5米，全长86.9米。

2021年，广济桥进行改造，在原有桥上部架设仿古长廊，整体形成廊桥造型。仿古长廊总高9米，长度61.8米，十七开间，设计方案为五架七檩小式，三层重檐歇山顶，穿斗结构。建成后成为连接江滨两岸绿道的景观步行桥。

广济桥垂直鸟瞰

广济桥桥头透视

广济桥桥头鸟瞰

广济桥内部

宁阳古街入口牌坊

宁阳古街鸟瞰组图

宁阳古街

宁化县古称“黄连峒”，公元 725 年建县。2010 年被联合国地名专家组中国分部认定为“中国地名文化遗产——千年古县”。宁阳古街属黄连峒历史街区，有一条小溪穿街而过，小溪两岸设有长寿桥、观止桥、通达桥、红军桥、孔丰桥、腾飞桥、揽月桥、青州公桥八座古桥，街区保留有豫章书院、罗俊公怀念堂、宝塔寺、定光寺等完整的历史建筑，形成“一溪两岸七巷”的历史格局街区。

为展现宁化千年古县风貌，恢复体现历史时期传统风貌特色的街区，2020 年宁阳古街开始改造，以客家仿古建筑风格为导向，融入青砖、灰瓦、马头墙、花窗、门头、穿斗架等客家古建元素，着力将古街打造为具有浓厚宁化客家地域文化特色的传统风貌街区。突出新旧结合、推陈出新，彰显宁化街巷建筑的地域性和多样性。同时，注重业态整合，打造地域性与时尚性相融合的历史商业街区，使之成为可观、可游、可吃、可玩、可驻足的“千年古县记忆会客厅”。

宁阳古街街道组图

宁阳古街河道透视

世界客属文化交流中心正面

世界客属文化交流中心

世界客属文化交流中心位于宁化县中环南路。建筑秉承“天地八方、灵气之汇，四水归堂、百家相聚，客属文化、根深情重，玉带环绕、源远流长”的设计理念，包含了“汇、聚、根、源”的客家文化内涵。运用新材料、新技术，将典型的客家文化元素巧妙融入其中，建筑集传统与现代、观赏与实用于一体。布局以“汇聚”为设计理念，建筑充分融合于优美的山水环境，集八方灵气汇聚到建筑之中。方形围合体，蕴含传统客家聚落形态的意象，强调场所的向心性、汇聚力。集中到中间的方形为建筑形象的高潮，犹如汇集八方灵气的珍宝盒，筑于高台之上，坐镇四方。

世界客属文化交流中心鸟瞰一

世界客属文化交流中心鸟瞰二

客家建筑语汇

青砖

花窗

灰瓦

门头

悬山顶

穿斗架

花窗

悬山顶

青砖、灰瓦

世界客属文化交流中心客家建筑语汇

世界客属文化交流中心局部透视组图

世界客属文化交流中心鸟瞰三

世界客属文化交流中心室内组图

世界客属文化交流中心大厅

下篇

地域建筑特色

宁化传统民居建筑虽不及富庶地区民居建筑豪华气派，也无高宅大院和奢华的装饰，然而质朴无华，别具一格。宁化山间溪畔穿斗木构、吊脚架空、黝黑瓦顶的村居由清水杉木建造，不施油漆，不加雕饰，与山川田园、绿色山林完美融合。

较为集中的民居聚落常见清水空斗墙，窗洞上巧妙出挑的窗楣装饰令人拍案叫绝。外墙面砖砌“喜”字漏花格外显眼醒目。

曹坊镇一带民居凹门廊的“虾弓梁”独一无二。宁化宗祠牌楼门斗栱之华丽，首屈一指。宁化祠堂门楼鳌头咬梁装饰是独一份的存在。

较为富庶地区的青砖民居入口门楼受徽派建筑的影响，砌有精致的砖雕斗栱和墙面砖雕花饰。

此外青砖女儿墙上联排成列、造型各异的排水洞口极富装饰效果。泉上镇延祥村民居入口门楼上的牛腿（梁托）装饰独具一格。

宁化民居内天井环周的门窗隔扇中的镂空窗格线条疏密有致，彩色漏花色彩丰富、变化多端，在朴素的清水木构民居内院更显精致华丽。

宁化民居木柱下的石柱础古拙质朴，木柱础更是少见的做法。香火厅大门两侧石刻的狮子憨态可掬，线条简洁。大门上方伸出的石刻门簪实属罕见。

宁化村居常见不施浆砌、斜置干码堆叠的青瓦屋脊，朴素且独特。宁化宗祠的屋脊则截然不同，或施以彩绘或镂空，两端翘角呈曲线升起，以龙头鱼尾雕饰结束。屋脊中央设风火轮或其他器物状以起到辟邪的功效。

简言之，宁化传统建筑独具个性，特色鲜明，是福建地域建筑中独树一帜的存在。

一、四合院及带横屋合院的平面布局

宁化地处福建武夷山脉中段，系边远山区，历史上因社会动乱而南迁的客家人在人烟稀少的山沟中拓荒落脚。他们的住宅建筑最常见的是两层楼的殿堂式小四合院布局，也有少量在合院两侧扩展两排或四排的两层横屋，在合院与横屋间形成颇有生活气息的横屋天井。在宁化，极少见到富裕地区常见的多进带护厝的府邸式大型合院式民居。

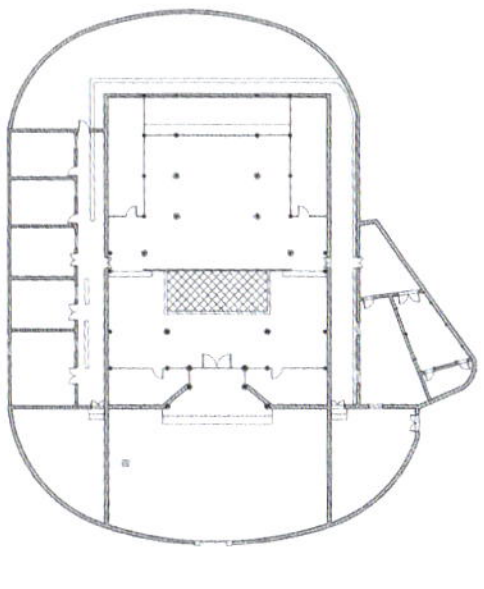
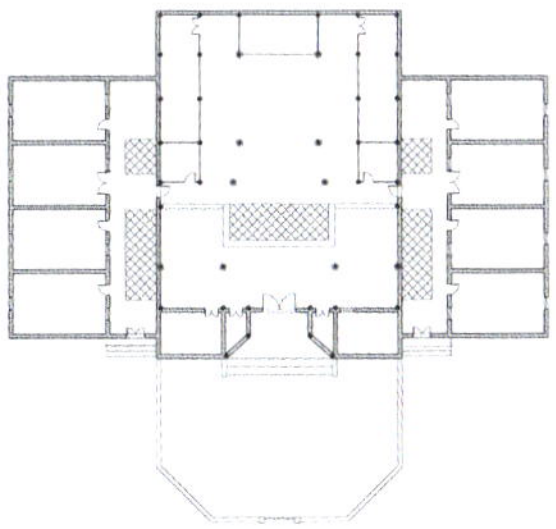
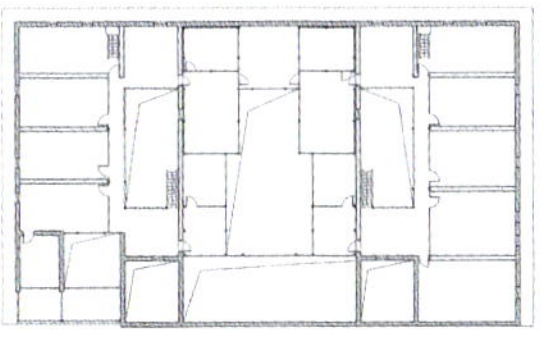

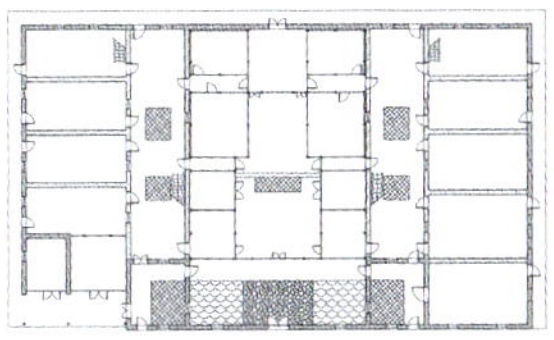
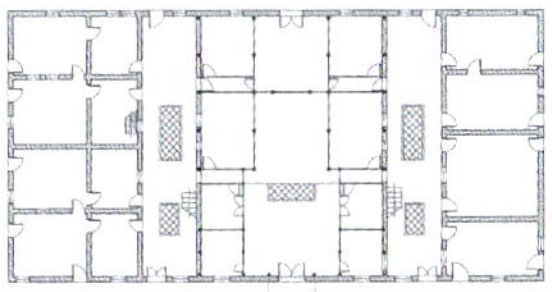

二、客家宗祠牌楼门

宗祠是宁化传统建筑中最具特色的存在，为躲避战乱举族南迁的中原汉人在人烟相对稀少的宁化地区择地聚居。宁化县的石壁镇就聚集了五六十个姓氏的族群，如今被奉为客家的祖籍地。历经近千年的跋涉中，他们带着祖先的骨灰坛一路南迁，到了宁化这个可以休养生息的聚居地后，首先建起供奉祖先的宗祠，以求先祖的庇护。

宁化县各家族的宗祠争奇斗艳，以彰显家族的荣耀。宗祠入口门楼最常见的形式是四柱三顶的牌楼，中间屋顶高耸，两侧屋顶护卫。其斗栱造型极其繁复，华丽程度无以复加。

曹氏宗祠

曾氏家廟

范氏宗祠

宁化县不可移动文物
彭坊范氏宗祠

忠鄧氏宗祠

三聖廟

客家八公祠

張氏家廟

婚育新风进客家

敬湖公祠

三、民居门楼造型

在宁化石壁镇一带，传统民居正立面以对称的两片阶梯形风火山墙夹持居中的门楼。大门两侧曲线起翘，迭落的山墙头不同于徽州民居直线型的墙头，突显宁化风火山墙的特有个性。居中的门楼有“八”字张开出挑的带瓦顶的木构门廊，这是福建传统民居中罕见的门楼造型。门楼左右由对称的风火山墙衬托，使民居正立面别具一格，更显气派。

林泉風韻

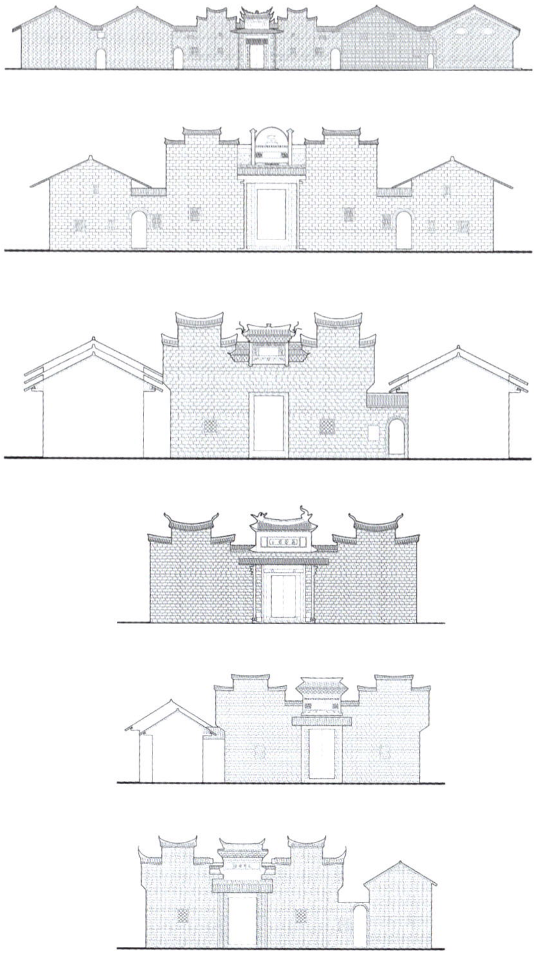

四、凹门廊虾弓梁

宁化传统民居入口凹门廊的处理独具一格，门廊平面呈内窄外宽的“凹”字形，在凹门廊上方悬空横置一根粗粗的向上拱起的“弓”形木梁，当地俗称“虾弓梁”。乍看它，似乎并非结构受力构件，并不承受门廊瓦顶的重力，仅对左右的墙体有一定的拉结作用。虾弓梁粗壮有力、富有弹性的起拱，以最简洁直观的形式，含蓄地表现出凹门廊的壮美与神气。也可认为是地方特有的“门楣”表现形式，暗含光耀门楣的寓意。这是宁化县曹坊镇附近地区常见的门廊做法，在福建全省的传统民居中是极其独特的形式。这种做法是否还有其他寓意，经多方调查，现今已无人可以阐释清楚。

35

红十九军团军需仓库旧址

張氏祠

池氏家廟

吴氏祠

經魁

五、朴实无华的砖砌随墙门

宁化传统民居外墙多为青砖空斗墙，在墙面上砖块平砌、立砌，自然形成的深浅色泽变化十分丰富。人们在青砖墙上开门洞，以砖块发券，或平券，或拱券，其砖块色泽深浅相间，所展现出的源于自然的美感，朴实无华，令人称奇。

六、丰富多彩的斗栱装饰

宁化县有众多姓氏的宗祠，立面造型变化丰富，是宗族兴旺的象征，更成为族人的骄傲。牌楼式宗祠大门上的斗栱装饰，多姿多彩，极尽繁复之能事。层层叠叠的斗栱细密精致，变化多端，有的其间穿插梯形的彩绘平板，有的斜栖伸出纤细且弯曲的如灵蛇出洞般的昂头。高低错落的三层屋顶，其间的斗栱装饰之繁复达到无以复加的程度，这在中国传统古建的工艺做法中实属罕见。

譙國

宗祠

氏
賴

祠

童氏宗祠

徐氏家廟
百年好合

王氏家廟

五通廟

五通廟

祠宗氏曹

革命旧址

敬湖公祠

黄氏宗祠

夏氏宗祠

温氏宗祠

王氏宗祠

七、鳌鱼扛梁装饰

传说中鲤鱼跳过龙门飞上云端，化生为龙头鱼身的鳌鱼。它是中国历史悠久的吉祥物。古代神话中有“巨鳌顶天、巨鳌负山”之说，鳌鱼在民间被视为镇宅之宝，认为它能克火、辟邪。古时新科状元被赞誉为“独占鳌头”，因此鳌鱼作为吉祥图案，寓意镇宅消灾、文章显达、身份尊贵。宁化宗祠门楼的横梁两端常见鳌鱼装饰，“双鳌扛梁”不仅能辟邪，更能保佑宗族子孙飞黄腾达。

革命旧址
宁化县第一次工农兵代表大会会址
宁化县人民政府
2001.12.26
吉日

曹氏家廟

吴氏祠

王氏家廟

宗祠

茂
永

童

八、内天井照壁

宁化民居内院小天井多以照壁正对厅堂，构成厅前一景。照壁常以壁柱分格、瓦顶收头。其线脚丰富，更配有精致的砖雕图案，墙面中心常书写吉祥文字，两侧以对联相衬，展现出浓郁的书香气息。

九、牛腿（梁托）雕饰

在宁化县泉上镇民居入口门楼披檐的两侧出挑的撑栱下方均设牛腿，牛腿为修长的镂空雕饰，它既有力学的支撑作用，又极富装饰性。这是宁化当地常见的工艺做法，以泉上镇延祥村下村保存得最为完好。

十、木构梁架雕饰

宁化传统民居的木构梁架装饰朴素简洁，仅在梁托、梁头或雀替部位做重点装饰，其题材多为草木花卉，亦有虫鸟器物，多为清水雕刻，质朴无华，仅有个别饰以彩绘，显示出简约质朴的个性。

十一、异形山墙

宁化传统民居中有些异形山墙颇为别致，形制不拘，个性突显。这或许是自北方南迁的客家人，从原乡建筑的山墙式样中传承来的。

十二、墀头装饰

宁化传统民居的墀头装饰颇具特色，在空斗砖墙立砌与平砌的砖块端头做弧形切割，墀头正面随屋顶的大出檐层层出挑，形成简约且富有韵律感的墙头立面。这种墀头处理手法突显了宁化传统民居的地域特色。

十三、青砖窗洞、窗楣

宁化传统民居青砖空斗墙上的窗洞形式多样，别具一格。其窗楣造型并非简单的“一”字形，最具特色的是由特别烧制的曲线形砖块左右出挑衔接而成的火焰式窗楣造型。也有几何型或不规则造型的窗洞，这些造型各异的窗洞使原本单调的墙面生动活泼，起到画龙点睛的作用。

十四、砖砌漏花

宁化传统民居青砖外墙的窗洞通常以砖砌漏花装点，即用砖块拼砌出不同的镂空装饰图案。最常见的是砖砌“囍”字漏花图案，其构图形式多样，造型各异。

十五、堆叠瓦屋脊

宁化传统民居瓦顶处的屋脊处理别具一格，用薄瓦片或横或竖堆叠成脊，不施灰浆黏合，也有的另加砖块压顶，两端仍以叠瓦起翘，形成简洁质朴的天际轮廓线。通常在屋脊中央设置突起的异形叠瓦装饰，民间认为可以起到镇宅辟邪的作用。

十六、宗祠屋脊装饰

宁化县的宗祠建筑有别于传统民居，装饰尤其华丽。其屋脊不用民居建筑简洁的叠瓦手法，而是极尽华丽装饰之能事，屋脊或彩绘、或镂空，两端翘角呈曲线升起，并饰以龙头、鱼尾或游龙雕饰。屋脊中央置风火轮装饰，形成丰富的天际轮廓线。

十七、角鱼

宁化传统建筑的屋顶角部起翘，在端头垂下角鱼，又称“角叶”。这是福建地区独特的屋角构件，既保护了屋顶封檐板免受雨淋，且便于更换，又起到重要的装饰作用。

十八、砖雕装饰

宁化祠堂建筑的牌楼门常用精致的砖雕装饰，明显可见风格受到徽州民居砖雕的影响，其精致的檐下斗栱和墙面花饰与徽州民居如出一辙，均为窑前雕。

十九、门窗隔扇

位于民居天井两侧的落地隔扇是民居内院装饰的重点部位。常见五抹头的落地隔扇，其裙板为清水木板，不施任何雕饰。上下绦环板则分别采用透雕与浮雕，雕工精致。格心的镂空花式极其丰富，每一扇花样各不相同，这在其他地区比较罕见。其卡榫做法的镂空花式简洁细腻，虚实相间。常见天井两侧厢房的落地门扇取消下绦环板，放大格心，镂空的格心有的做成彩色雕饰，配色应用大胆，红、蓝、金色为常见色，对比鲜明，别具一格。宁化民居门窗的隔扇雕饰十分丰富，与其他地区民居隔扇相对统一的风格不同，表现出风格多样的特性。这也许与南迁来的客家人原乡的建筑风格及不同地区传统审美偏好有关。

二十、石柱础与木柱础

宁化传统民居的木柱有石柱础，也有木柱础。设想可能是当地缺少石材的缘故，才采用木质柱础。其通常的做法是在地坪上铺设厚砖块，在砖块上立木质柱础，砖块起到隔水的作用。常见的木柱础底座呈方形，中间呈多边形，系整块硬木加工而成，造型简洁朴实，别具一格。

二十一、石雕构件

宁化宗祠大门前的石雕狮子造型粗犷、刻工古拙、气韵非凡，与明清时期常见的石狮造型大不相同，酷似远古石刻的遗存。此外，民居大门口的门枕石，正面呈梯形，沉稳简洁，造型粗犷。宗祠砖砌牌楼门上采用精致的石雕门簪，也是很少见的做法。宗祠前的夹竿石和石底座也十分别致。

96

二十二、藻井、雀替、吊筒、撑栱装饰

宁化传统建筑的藻井装饰相对朴素。以沿口古戏台为例，顶棚方形套八角形，不施彩绘，以简洁的雕花托木支撑，层层内凹，转化成曲线型木楞圆井，又称“明镜”。构件疏密相间，朴实无华，却变化丰富。只有少数民居和祠堂的藻井施以油漆、彩绘。

宁化传统建筑的雀替、吊筒、撑栱装饰绝大部分为清水木雕，只有极少数施彩绘、油漆。

沿口古戲臺

有

二十三、墙上排水口

宁化传统民居青砖空斗外墙的屋顶做法通常不出檐，而是采用女儿墙的处理手法，女儿墙顶部叠涩出挑，高出檐口，以瓦片压顶。女儿墙下部与瓦垄沟对应，设联排的出水洞口。洞口用青砖，或横或竖砌筑，联排的“十”字形排水洞口形成民居立面青砖墙头独具个性的装饰带，实用、朴实又极富装饰性。

附　录

宁化县历史建筑名单

批次	地址	历史建筑
第一批（2017 年）	安乐镇	吴氏得六公祠
	安远镇	张公庙
	曹坊镇	曹氏宗祠
		赵玉公祠
		溪背民居群
		上曹庙背官厅
		八甲香火厅
		曹氏民居（五一郎公厅）
		挹秀（曹宪魁宅）
		曹氏民居（曹登中宅）
		文勋武敦（曹义芳宅）
		曹氏民居（曹天发宅）
		曹氏民居（曹朝师宅）
		曹氏民居（曹选贤宅）
		下曹村民居（曹熙臣宅）
		下曹村民居（曹清如宅）
		下曹村民居（曹迪魁宅）
	方田乡	曾氏香火厅
	湖村镇	黎氏祠堂
	河龙乡	张氏家庙
		张氏祠堂
	淮土镇	淮阳武候庙
	济村乡	张氏香火厅
	泉上镇	林泉古院
		刘氏宗祠
		粉行街二巷 25 号民居（李泉生祖屋）
		福灵山寺
		泉上普光寺
		坵坑民居（谢氏）
		坵坑花桥
		桃窠庵
		法霖寺（茅庵）
		生炉坊民居
		镇武路 93 号民居
	石壁镇	禾口双忠庙
		张公君政总祠
		张氏香火厅
		林泉风韵
		三圣庙
		元荣公香火厅
		石碧村香火亭
		灵显庙
		华光庙
		汉帝庙

批次	地址	历史建筑
第一批（2017 年）		萱阴堂
		张氏祠堂
		张氏祠堂
		张氏祠堂
		张氏祠堂
	水茜镇	上谢村廊桥
		红军医院原址
	中沙乡	中沙石刻崖壁
		中沙村石拱桥
		素庭公祠
第二批（2019 年）	曹坊镇	曹氏民居
		尔亦公厅
		亦中公厅
		曹朝贞宅
		曹熊祥宅
		永魁公厅
		曹朝信宅
		曹世求宅
		曹九长宅
		曹清贤宅
		曹永华宅
		夏七妹宅
		曹老金宅
		曹义魁宅
		曹锦文宅
		曹良贤宅
		曹叔伙宅
		曹新民宅
		曹连科宅
		九龙寺宅
		曹绍平宅
		曹良茂宅
		曹惠民宅
		曹玉生宅
		世大夫第
		黄氏宗祠
		辅良公祠
		黄氏宗祠
		温氏宗祠
		张氏祠
		徐赤生旧居
		徐氏家庙
		黄金进村民居
		涂氏宗祠

续表

批次	地址	历史建筑
第二批（2019年）	曹坊镇	德明寺
		茂林寺
	城郊镇	邱氏民居
		邱氏民居
		邱氏民居
		邱氏民居
		邱氏民居
		邱氏民居
		华光庙
		吴氏祠
		邱氏宗祠
		张氏祠
		丘氏祠
		丘氏民居
	湖村镇	黎氏民居
		黎氏民居
		林氏民居
		黎氏家祠
		邓氏宗祠
		红军医院旧址
		店上村廊桥
	石壁镇	华光庙
		上新居
		排门里
		雷氏家庙
		张氏祠堂
		张氏祠堂
		陈氏香火厅
		谢家厝
		下村张氏宗祠
		吴氏祖屋
	水茜镇	水茜桥
	城南镇	文聪公祠
		巫氏宗祠
		巫氏祖厅
	河龙乡	永建村头瓦桥
		张氏祠堂
	淮土镇	廖氏家庙
		吴氏家庙
		敬享堂
		松竹居门廊
		五通庙

批次	地址	历史建筑
第二批（2019年）	济村乡	伊秉绶作品展览馆
		张俊忠故居
		罗氏香火厅
		福兴寺
		廖氏宗祠
		宗圣家庙
	泉上镇	杨氏民居
		杨氏民居
		杨氏民居
		杨氏民居（杨儒荣）
		杨氏祠堂（杨儒标）
		土堡战役指挥部
	治平畲族乡	赖氏民居
		彭氏民居
		彭氏民居
		范氏祖祠（小）
		范氏民居
		范氏民居
		范氏小祠堂
		范氏民居
		彭氏民居
		范氏民居
		池氏香火厅
		池氏家庙
		池氏祖屋
		连氏宗祠
		邓氏宗祠
		邓氏宗祠
	安乐镇	夏坊村老龄协会活动中心
		邓氏宗祠
		刘氏家庙
	安远镇	伍坊村礼堂
		栏桥头
		王氏宗祠
		东岳庙
		张氏民居
		张氏民居
	方田乡	张氏祠堂
		张氏祠堂
		武侯庙
		王氏祠

宁化县不可移动文物古建筑

级别	序号	名称	年代	地址
省级文物保护单位	1	宁化革命烈士纪念碑	1977年	翠江镇红卫村北大街城西路北山公园内
	2	宁化县苏维埃政府保卫局旧址（豫章书院）	明、清	翠江镇小溪村小溪边131号
	3	宁化县第一次工农兵代表大会旧址（刘氏家庙）	1931年	淮土镇淮阳村南大街97—102号
	4	红军独立第七师第二团驻地旧址（石壁张氏家庙上祠）	清	石壁镇石碧村
	5	陈塘红军第四医院行政管理部旧址（陈塘修齐堂）	1933年	石壁镇陈塘村陈塘湾
	6	陈塘红军第四医院住院部旧址（惠日堂）、陈塘红军第四医院后勤部旧址（新厝里）	1933年	石壁镇陈塘村
	7	宁化西南五乡（曹坊）农民武装暴动指挥部旧址（上曹曹氏家庙）	清	曹坊镇上曹村榆林坝
	8	城关红军医院旧址暨朱德旧居（小溪谢氏家庙）	清	翠江镇小溪村上进路薛家坊
	9	下曹建筑群：红军北上抗日先遣队宿营地旧址（敬湖公祠）、红一军团军需仓库旧址（立人公厅厦）、红一军团驻地暨红军北上抗日先遣队司令部旧址（安俊公厅厦）、红十二军驻地旧址（泰宇公厅厦）、红色夜校旧址（廷玉公厅厦）、下曹赤卫队队部旧址（九龙寺）、红四军驻地旧址（杨冈公祠）	清	曹坊镇下曹村
	10	红十二军暨新独立七师驻地旧址（南山下宁宅）	清	水茜镇沿溪村南山下
	11	石碧红军独立第七师旧址群：石碧红军独立第七师救护所（张氏家庙）、三圣庙、维藩桥与玉屏德润亭	1932年	石壁镇石碧村
	12	凤凰山红军长征出发地旧址群：红军街古民居、五通庙、红军驻扎地旧址（王宅）、红军井、红军看病所	1934年	淮土镇凤山村
	13	中共三黄村党支部旧址风车庙	1929年	曹坊镇三黄村
	14	彭湃县苏维埃政府旧址陈氏宗祠	1933年	湖村镇巫坊村
	15	下伊伊公庙	清	河龙乡下伊村
县级文物保护单位	1	宁化革命纪念馆	1977年	翠江镇城西路71号
	2	东山庵	明永乐	城郊镇高堑村
	3	曹坊秘密农会旧址	1929年	曹坊镇上曹村曹氏宗祠
	4	滑石风雨桥	明	曹坊镇滑石村上温村尾
	5	宁化县第一个党团混合小组活动旧址	1929年	翠江镇城西路72号
	6	水口圣旨节孝牌坊	清	城南乡水口村村口
	7	沿口古戏台	清	水茜镇沿口村
	8	下埠五通庙与古戏台	清	湖村镇下埠村
	9	禾坑廖氏家庙	清	淮土镇禾坑村
	10	沙墩下黄氏宗祠	清	淮土镇桥头村
	11	伊秉绶故居	清	翠江镇红卫村五星路18号
	12	立新双忠庙	清	石壁镇立新村新岗上
	13	赵家源李氏家庙	清	安远镇东桥村赵家源
	14	俞坊俞氏宗祠	清	城郊镇俞坊村
	15	花园墩罗氏宗祠	清	淮土镇青平村花园墩
	16	角头街节孝牌坊	清道光	翠江镇红卫村角头街81号
	17	溪背乌石下廊桥	清	石壁镇溪背村乌石顶山脚
	18	社背土堡	1941年	城郊镇社背村外村22号
	19	油米坑土楼	20世纪70年代	水茜镇下付村油米坑1-13号
	20	泉上人贤公祠	清	泉上镇粉行街9号
	21	闽赣省革命旧址群——闽赣省委、省苏维埃政府旧址	1934年	安远镇里坑村
	22	闽赣省革命旧址群——游家坪谷仓标语群	1934年	安远镇里坑村
	23	闽赣省革命旧址群——闽赣省军区司令部遗址	1934年	安远镇里坑村
	24	大王上片王氏宗祠	清	淮土镇大王村上片
	25	东华山三仙祠	清	石壁镇张家地东华山仙顶
	26	泉上土堡战斗延祥阻击战指挥部旧址暨彭雪枫旧居	1933年	泉上镇延祥村孔坑9号
	27	巫坊红军医院旧址	1933年—1934年	湖村镇巫坊村少唐公祠
	28	红一军团驻地旧址暨林彪旧居	1934年	曹坊镇下曹村安祥公厅厦（品字厅）
	29	红九军团后方机关驻地旧址	1934年	曹坊镇上曹村溪背98号、99号
	30	张新华故居	1911年—1932年	曹坊镇滑石村药里迳
	31	禾口区扩红指挥部旧址	1933年—1934年	石壁镇立新村下八社
	32	凤凰山红四军驻地暨扩红指挥部旧址	清	淮土镇凤山村
	33	大王乡苏维埃政府暨少共国际师驻地旧址（王氏家庙）	清	淮土镇大王村
	34	水茜维藩桥	清	水茜镇水茜村
	35	念四公祠	清	泉上镇延祥村
	36	杨鼎铭民居	清	泉上镇延祥村下村
	37	温氏宗祠	明末清初	曹坊镇滑石村

后记

POSTSCRIPT

经过一年多的努力，《宁化传统建筑》一书终于付梓。福州到宁化四五个小时车程，我们一组人一次又一次来回奔波，在多山的宁化境内，跋山涉水进行拍摄调研。当看到最终付梓的书稿时，方感觉所有的努力没有白费。

刚承接《宁化传统建筑》一书的编纂任务时，的确心中忐忑。之前虽然做过宁化县的工程设计项目，常跑工地，但几乎每次都是来去匆匆，对宁化传统建筑风貌了解甚少，更不用说地处深山里边远的农村。最初的印象是宁化属福建边远的县域，和沿海富庶地区传统建筑的规模及华美程度没法相比，因此十分担心是否能拿出有价值的研究成果。

经过多次的深入拍摄、调研，我们早先的顾虑完全被打消。宁化传统建筑的研究成果再一次印证了福建传统建筑的丰富多彩。在“八山一水一分田”的福建省境内，重峦叠嶂的阻隔，形成了三十余种互不相通的方言，语言交流障碍造成不同民系间的文化差异，给各个地域间的交流带来了很大的困难。因此福建各地区传统建筑从功能布局到用材、工法都存在极大的差异。宁化地处武夷山南麓的偏远山区，物力、财力都比不上沿海经济发达地区，但近千年来上百个客家人族群的南迁，带来了中原文化的积淀和原乡文化深厚的情怀，集中体现在各个姓氏争奇斗艳的宗祠建筑中。瑰丽的宁化宗祠建筑是中原文化深厚底蕴的交融体现。

此外，宁化在历史上曾是中央苏区属地。也是中央红军万里长征最远的出发地之一。众多较为大型的民居宅院和家祠都曾作为苏维埃政府与工农红军的驻地。这些风貌保存相对较好的民宅和宗祠在经济飞速发展的年代侥幸没有被破坏和拆除，如今作为红色革命旧址，在政府专项资金的补助下得到较好的修缮，使得宁化乡土建筑的原貌得以完整保留。

对宁化传统建筑的研究加深了我们对福建传统民居的认知，证实了地域传统建筑是当地历史、文化、气候、地方材料及生产生活习惯的产物，是地域历史和文化鲜活的实物载体。宁化传统建筑是一部木头与砖石构筑的史书，是完美生动的历史见证。对宁化传统建筑的研究，有助于我们认识中国农业文明时期独特的历史、文化、礼制和信仰。

在调研过程中，我们得到宁化县政府各级领导和宁化县住房与城乡建设局、宁化县自然资源局和宁化县文物保护中心多位专家的大力支持，也得到了福建省博物院楼建龙老师的指点。在此，我们谨表深深的谢意。这里还特别要感谢福建省建筑设计研究院有限公司的领导、同事对本项目的支持与帮助，特别感谢宁化的摄影名家张家彪先生及吴立银先生，他们为本书提供了大量照片作为参考资料，并不辞辛劳地为调研小组带路。愿宁化传统建筑的地域特色能在以后的岁月中得到更好的传承与发展。

图书在版编目（CIP）数据

宁化传统建筑 / 黄乐颖，黄晓冬著. -- 福州 : 福建科学技术出版社，2024. 11. -- ISBN 978-7-5335-7365-2

Ⅰ. TU-092.2

中国国家版本馆CIP数据核字第2024FM0499号

出 版 人　郭　武
责任编辑　柯静雅　陈曈妮
责任美编　刘　丽
装帧设计　李　励
责任校对　王　钦　蔡雪梅
封面摄影　罗　媚

宁化传统建筑

著　　者　黄乐颖　黄晓冬
出版发行　福建科学技术出版社
社　　址　福州市东水路76号（邮编350001）
网　　址　www.fjstp.com
经　　销　福建新华发行（集团）有限责任公司
印　　刷　雅昌文化（集团）有限公司
开　　本　635毫米×965毫米　1/8
印　　张　55.5
字　　数　300千字
插　　页　4
版　　次　2024年11月第1版
印　　次　2024年11月第1次印刷
书　　号　ISBN 978-7-5335-7365-2
定　　价　468.00元